全国工程硕士专业学位教育指导委员会推荐教材

高等学校电子信息类专业系列教材

智能控制教学设计与指导

李士勇　李研　著

清华大学出版社

北京

内 容 简 介

智能控制是控制论和系统论、信息论、人工智能、计算智能交叉融合的前沿学科,被誉为继经典控制、现代控制之后的第三代控制理论。智能控制教学对于自动化及相关专业研究生具有重要意义。智能控制课程知识面广,内容新颖,教学有一定难度。本书旨在为智能控制课程的教学提供有益的经验,内容包括:学习理论与教学指导理论基础;智能控制课程教学文件与教学方法设计;智能控制教学重点、难点设计指导。同时,作者还精心制作了智能控制教学课件,供读者参考。

本书与全国工程硕士专业学位教育指导委员会推荐教材《智能控制》(第2版)配套,既可作为高等院校智能控制及相关课程的教学参考书,也可供广大科技人员、研究生自学参考。

图书在版编目(CIP)数据

智能控制教学设计与指导/李士勇,李研著.—北京:清华大学出版社,2023.8
高等学校电子信息类专业系列教材
ISBN 978-7-302-64367-8

Ⅰ. ①智…　Ⅱ. ①李…②李…　Ⅲ. ①智能控制－教学设计－高等学校　Ⅳ. ①TP273

中国国家版本馆 CIP 数据核字(2023)第 149806 号

责任编辑: 曾　珊　李　晔
封面设计: 李召霞
责任校对: 韩天竹
责任印制: 刘海龙

出版发行: 清华大学出版社
　　　网　　　址: http://www.tup.com.cn, http://www.wqbook.com
　　　地　　　址: 北京清华大学学研大厦 A 座　　邮　　编: 100084
　　　社 总 机: 010-83470000　　　　　　　　邮　　购: 010-62786544
　　　投稿与读者服务: 010-62776969, c-service@tup.tsinghua.edu.cn
　　　质量反馈: 010-62772015, zhiliang@tup.tsinghua.edu.cn
　　　课件下载: http://www.tup.com.cn,010-83470236
印 装 者: 三河市少明印务有限公司
经　　销: 全国新华书店
开　　本: 185mm×230mm　　　印　张: 13.75　　　　字　数: 304 千字
版　　次: 2023 年 9 月第 1 版　　　　　　　　　　印　次: 2023 年 9 月第 1 次印刷
印　　数: 1~1500
定　　价: 59.00 元

产品编号: 095954-01

前　言

智能控制是自动化及相关专业研究生的一门重要学位课或专业必修课。智能控制的任课教师怎样讲好这门课程,应该具备哪些指导教学的基础科学知识,怎样进行教学文件和教学方法设计,怎样设计教学内容的重点、难点,怎样设计教学课件内容等正是本书要回答的问题。

写作背景

《智能控制》(ISBN 9787302436560)自 2016 年由清华大学出版社出版以来,有不少任课教师希望能提供配套的教学课件。该书于 2021 年 10 月再版之际,责任编辑一再建议编制配套课件。作者始终认为,讲好一门课不能完全依赖教学课件,因为教学课件只是课堂教学的一种辅助手段。

多媒体 PPT 教学课件对图形、公式的展现快捷、清晰、直观,也便于某些课程内容的动态演示。但是,PPT 教学课件最大的弊端是,在有些情况下,教师和学生在课堂上都把它作为"教"与"学"课程的唯一载体。师生在课堂上易被 PPT 所牵引,致使部分老师讲课离不开PPT;学生把 PPT 复制下来,助长了学生不买书、不读书的不良风气。其结果是:既不利于教师深入钻研教材认真备课,又不利于学生认真读书,把课程内容学深学透;不利于大面积提高课堂教学质量,造成教育资源的浪费。

如何提高智能控制这门既重要,又有难度的新兴课程的教学质量?本书作者李士勇教授作为哈尔滨工业大学"教学名师奖"获得者,近 40 年来,先后从事过自动控制原理、微机控制系统设计实践、模糊控制、智能控制、智能优化算法、非线性科学、复杂系统、模糊数学和科技论文写作等多门本科生、研究生课程的教学、科研及研究生指导工作,并作为校、院两级研究生、本科生教学督导专家长期参加课堂听课、教师资格认证、教学质量评估、教学竞赛点评、试卷质量检查等教学研究实践活动。

作者在长期的教学和教学督导实践中积累了较丰富的教学经验,将这些经验通过书的形式总结出来,期望对智能控制及相关专业课程的教师提高课堂教学质量有所帮助。

Foreword

教师应具备的教学指导理论

教师无论从事哪门课程的教学工作,除了掌握好本门课程的内容外,还应领悟教学的宗旨在于训练学生的思维,提高他们的思维能力,培养与训练学生的创新性思维、系统性思维和辩证性思维能力;更需要学习、掌握一些思维科学、系统科学、科学方法论的基本概念和理论,并用它们来指导教学工作。

思维科学是研究人们认识客观世界的思维规律和思维方法的科学,又称为逻辑学、认知科学。思维是指人们对客观事物的间接反映,它反映事物的本质属性和事物之间的联系。为了通过教学实践训练学生的思维,教师就要掌握思维科学的基本概念和原理,并用于指导教学实践。

系统科学是以系统为研究对象的基础理论及其应用学科群组成的科学。系统是由相互联系、相互作用的组件(元素)组成的具有一定结构和功能的有机整体。智能控制系统是由相互联系、相互作用的智能控制器和被控对象等环节组成的具有控制功能的整体。运用系统科学来分析智能控制系统有利于抓住影响控制性能的主要矛盾。

科学方法论是指导人们从事科学研究工作中普遍使用的思想方法或哲学思想。科学方法论内容丰富,作者认为首要的是掌握自然辩证法中的对立统一规律。矛盾是辩证法的核心概念,矛盾就是对立统一。任何事物都包含着矛盾,矛盾分主要矛盾和非主要矛盾,二者在一定条件下可转化,矛盾双方既对立又统一,由此推动着事物发展。

思维科学和科学方法论在系统的范畴内都是相通的。系统的辩证的思维方法论为我们正确认识事物,分析矛盾,解决问题,搞好教学、科研及发明创造等提供了强有力的思想武器。因此,在教学工作中以系统的辩证思维的科学方法论作指导,才能收到事半功倍的效果。

教学手段与教学方法

教学手段是指教师向学生传授知识采用的方式,目前的课堂教学方式主要采用讲述、板书、PPT 课件、智慧教室、教具及模型等。其中最主要的教学方式是讲述、板书和 PPT 课件 3 种形式。

讲述、板书、PPT 课件 3 种形式相配合是值得提倡的教学方式。教师在充分备好课之后,在课堂上讲述的思路、内容、讲法等都已存储在自己的脑子里。因此,课堂教学应由教师的授课思路驱动,以讲述为主,当需要板书配合时就在黑板上写或画,需要 PPT 时就播放 PPT 课件。

课堂上之所以要以教师讲述为主,是因为讲述过程的语言反映了教师备课的思路和内容,具有知识的连贯性,易被学生所理解和接受。尤其是在课程开始时,教师介绍问题的背景、提出问题、分析问题、探索解决问题的来龙去脉等最适合用语言讲述。

作者倡导任课教师采用研究型教学法,要把对教学内容的备课作为研究课题来对待。

要求在备课过程中循序渐进,一步一个脚印,要一个问题一个问题地抠明白,尤其要在基本概念上狠下功夫。因为一门新的课程,必然要遇到许多新的概念。遇到的新概念往往既是难点,又是重点。因此,要想讲好课必须从讲好一个概念开始。

作者在长期的课堂教学、教学研究实践的基础上,提出了"三段论"教学法。它的基本思想是以"三要素"为线索,把要讲授课程的内容、尽可能通过知识元、知识点、知识点集三要素形式联系在一起,形成一个知识链条,若干个知识链条连在一起,能够反映出相应部分知识的来龙去脉,有助于揭露知识系统的内在联系及本质特征。此外,作者还总结出搞好课堂教学的多种具体的教学方法及指导原则。

编制教学文件的内容及意义

一门课程的教学文件是否齐全以及设计质量在很大程度上反映了任课教师的科学素质、业务能力、水平及责任心。教学文件为任课教师提供了关于授课的总的指导,为教师授课提供了基本保障。

教学文件设计包括课程教学大纲设计、教学内容重点及难点设计,教学手段及教学方法设计、实验设计、考试题目设计、考试成绩设计、课堂教学质量考核指标设计等。在教学文件中,教学大纲是最重要的教学文件。它规定了课程性质与地位、课程目的及要求、课程内容及学时分配、课程实验、考核方式、教材及参考书等。

为了保证课程教学质量,必须遵循课程教学大纲的指导思想,严格按照大纲制定的课程性质、课程目的及要求、课程内容及学时分配进行授课。建议有能力的教师一定要亲自编制课程教学文件,并通过教学实践不断总结提高,以便再进行修订。

教学内容重点及难点的设计

为了讲好一门课程,必须对授课内容总体的重点、难点做到心中有数。智能控制课程的重点在模糊控制,模糊控制的重点在模糊逻辑推理,模糊逻辑中的难点在于用一个模糊集合描述一个模糊概念。神经网络控制是智能控制课程教学的又一个重点和难点,神经网络之所以为重点是因为它有别于模糊系统,具有学习能力,难点在于神经网络通过权矩阵隐含表现知识,网络种类多且学习算法复杂、抽象等。

什么是重点?重点就是主要矛盾,主要矛盾解决了,其他问题就迎刃而解了。什么是难点?难点就是难以理解和掌握的内容,包括新的概念、理论等。关于重点、难点之间的关系有 3 种情况:既是重点又是难点;是重点但不是难点;是难点但不是重点。例如,模糊控制是智能控制教学内容的重点,但并不是学习的难点;神经网络控制是智能控制课程教学的重点,又是难点;模糊系统和神经网络都具有万能逼近性质的证明过程是个难点问题,但并不是教学的重点。

每次授课内容的重点和难点都要进行精心设计。对于是重点又是难点的问题要给予较多的讲述时间;对于难点而不作为重点的内容,用较少时间讲清其基本思想、实质、结论及其应用范围即可。

本书的特色及写作特点

作为一门研究生专业课程的教学设计与指导书,本书立意是选题创新的一种尝试。本书的创新性表现在如下几个方面。

(1)将系统科学、思维科学和科学方法论作为指导教学的科学理论,为教师综合提高科学素质和教学质量提供了理论指导。

(2)将教学文件、教学手段、教学方法、教学内容、重点难点、教学课件、教学评价等内容融为一体,为智能控制课程教学提供了全方位、系统的指导。

(3)提出了"三段论"与"三要素"教学法。"三段论"教学法是指"提出问题、分析问题、解决问题"的教学三段模式;"三要素"是指常用3个维度或三元组描述事物组成的结构具有稳定性和普适性。

(4)提出把教学内容的知识元、知识点、知识点集构成知识子集(知识单元),再把若干个知识子集连接成一个知识链条,这不仅便于记忆,而且有利于揭示各部分内容之间的内在联系。

(5)在撰写方法上,由浅入深,深入浅出,辩证分析,突出重点,化解难点,富有创新性和启发性。

结束语

在人工智能蓬勃发展的时代,面临着信息化、数字化、智能化的信息革命浪潮,在世界各国都在加速培养高技术人才之际,承担研究生智能控制课程教学无疑是一项光荣而艰巨的工作。希望教师牢记教学的宗旨在于训练学生的思维,培养和训练学生的创新性思维、系统性思维和辩证性思维能力。期望教师学习和掌握系统科学、思维科学和科学方法论的基本思想,并运用它们自觉地指导教学实践活动。

最后,作者对清华大学出版社对本书出版工作的支持表示衷心感谢!对本书所引用的国内外有关文献的作者深表谢意!

作　者

2023 年 3 月

于 哈尔滨工业大学

目 录

第三篇　智能控制教学重点难点设计指导

第四篇 智能控制教学课件设计

第一篇

学习理论与教学指导理论基础

课程是学生在校学习期间获取知识、培养能力、提高素质的重要载体。因此,搞好课堂教学工作是培养人才的重要环节,对于人才质量具有重要影响。

教学质量直接反映了教师的基本功,其中包括教师对讲授课程内容的理解、掌握的深度和广度,与本课程相关课程乃至本学科、本专业了解的程度;同时也反映了教师的思想素质、科学素质以及课堂教学方法、手段和驾驭课堂的能力。

为了提高课堂教学质量,任课教师除了要掌握所讲授课程的内容外,还必须明确教学的宗旨,学习一些有关学习理论、教学方式,以及指导教学工作的理论知识,包括系统科学、思维科学和科学方法论。

为了提高任课教师的科学素质,本篇简要介绍学习理论与教学方法、系统科学、思维科学和科学方法论的最基本的概念、原理及其在指导课堂教学中的运用。

第 **1** 章

学习理论、教学方式及教学宗旨

要搞好教学工作必须深刻理解学习理论、运用科学的教学方式及明确教学宗旨。为此，本章首先介绍国内外有关学习理论的论述，包括行为主义学习理论、认知学习理论、建构主义理论和人本主义理论。然后介绍几种教学方式，包括直导式教学、讲授式教学、指导发现式教学和探索研究式教学。最后论述教学的宗旨在于训练学生的思维，以及培养学生的 3 种思维能力，包括系统性思维能力、辩证性思维能力和创造性思维能力。

1.1 学习理论

学习行为如何产生？学习有哪些规律？学习有哪些方式？国内外许多学者对这些问题进行了长期研究，形成了多种学习理论。下面概括介绍。

1. 行为主义学习理论

行为主义学习理论（联想学习理论）认为，一切学习行为都是通过条件刺激和反应之间建立直接联结或习惯形成的过程；学习是自发地尝试错误的过程，在刺激-反应联结的建立中强化起着重要作用。在刺激-反应联结之中，个体学到的是习惯，而习惯是反复练习与强化的结果。习惯一旦形成，只要原来的或类似的刺激情境出现，习得（因学习、练习而掌握）的习惯反应就会自动出现。教师在教育教学中的角色主要是训练者以及管理者。

2. 认知学习理论

认知学习理论认为，学习不是在外部环境的支配下被动地形成刺激-反应联结，而是主动地在头脑内部构造认知结构；学习不是通过练习与强化形成反应习惯，而是通过顿悟与理解获得期待；学生当前的学习依赖于他原有的认知结构和当前的刺激情境，学习受主体的预期所引导,而不受习惯所支配。认知理论强调教学的主要任务是要主动地把学习者旧的认知结构置换成新的,促成个体能够用新的认知方式来感知周围世界。

3. 建构主义理论

建构主义理论认为,学习过程不是先从感觉经验本身开始的,而是从对该感觉经验的选择性注意开始的。教师应当把学习者原有的知识经验作为新知识的生长点,引导学习者从原有的知识经验中获取新的知识经验。建构一方面是对新信息的意义的建构,同时又包含对原有经验的改造和重组。因此,更关注如何以原有的经验、心理结构和信念为基础建构知识,更强调学习的主动性、社会性和情境性。

所谓情境性学习,是指为了达到一定的教学目标,根据学生身心发展的特点,教师所创建的具有学习背景、景象和学习活动条件的学习环境,是师生主动积极进行建构性的学习,是作用于学生并能引起学生学习积极性的过程。

4. 人本主义理论

人本主义理论认为,教学应以学生为中心,让学生成为学习的真正主体。人本主义强调在教学过程中重视学生的认知、情感、兴趣、潜能等研究,尊重每个学生的独立人格,保护学生的自尊心,帮助每个学生充分挖掘自身潜能、发展个性和实现自身的价值。教师的主要任务是帮助个体发现与自我更相适应的学习内容和方法,提供一种良好的促进学习和成长的气氛,培养学生自发、自觉的学习习惯,实现真正意义上的有意义学习。

1.2　教学方式

不同的学习理论对学习过程有不同的解释,因此教学方式也有多种形式。下面介绍几种主要的教学方式。

1. 直导式教学

直导式教学是根据行为主义学习理论而形成的一种教学方式。行为主义学习理论的核心是强化。直导式教学注重学生的行为反应,会大量使用强化方法,以小步子循序渐进地开展教学。每一步都应该是一小步,确保学生能够做出正确反应。

直导式教学有两种形式:掌握学习和程序教学。所谓掌握就是目标达成,把授课内容分成小单元,每个小单元都有自己的目标。程序教学是计算机网络教学,便于教师和学生互动。

2. 讲授式教学

讲授式教学是教师在课堂上按照教学大纲的要求,根据教学计划的安排将知识传授给学生的一种教学方式。讲授区别于灌输的关键在于学生是否在被动接受。实验表明,人的听讲过程包含着极其复杂的心理活动。教师讲课的声音传入学生的大脑,学生将新知识进行融合,进而为他们自己的知识进行建构。这种建构活动是内隐的、无形的、无声的。讲授式教学的有效性取决于讲授内容必须对学生有意义,并能被学生所吸收。

3. 指导发现式教学

基于认知学习理论的指导发现式教学,要利用问题情境来推动学习,是学生将来自外部的新信息和记忆中已有的知识进行整合,以促进对新知识的理解。指导发现式包括指导和发现两个动作,指导的发出者是教师,发现的发出者是学生。

指导发现式教学为学生提供了尝试不同方法和出错的机会,允许学生从错误中自己学会(理解);而直导式教学是直接把结论给学生,直到他们掌握(行为变化)。

4. 探索研究式教学

探索研究式教学的理论基础是认知学习理论中的建构主义,探索研究式教学又称开放式学习,给学生提供的自主权最大。教师很少甚至不给学生任何指导,让学生自己做研究性学习,在研究过程中主动获取知识,应用知识,解决问题。教师的主要工作就是提供学习资源。

随着社会的发展进步,大学为学生提供了日益丰富的学习资源,除传统的阅读图书外,还有视频、讲座、PPT、ChatGPT 等多种资源。

自主学习是探索研究式教学的一种模式,它是与传统的接受式学习不同的一种现代化学习方式。以学生作为学习的主体,学生自己做主,不受别人支配,不受外界干扰,通过阅读、听讲、独立观察、分析、探索、研究、实践、质疑、创造等方法来达到学习目标。

1.3　教学宗旨

我们知道,一名好的运动员需要在教练的指导下进行长期、系统、刻苦的训练,既包括体能的训练、专项技术的训练,又包括心理素质的训练等。只有这样,才有可能在大赛中取得好成绩。对于学生来说,课堂学习是在校获取知识的主要途径。教师的课堂教学过程实质上是通过授课内容的讲授对学生思维进行训练的过程。

训练学生的思维,并培养学生的思维能力,尤其是培养研究生创新思维能力应该是教学的宗旨。

1.3.1　训练学生的思维

1. 训练思维的重要性

关于教育教学的目的与获得知识、训练学生思维的关系问题,我们来看一看知名教授、世界著名大学校长、教育家、科学家以及哲学家的有关论述。

我国的一位知名教授在他的著作序言中曾指出:一个人在完成学业之后可能获得许多知识,但这并不是衡量一个人能力的标准,因为随着时间的流逝,大部分知识还是会被忘却,而只有得以训练的思维功能才能永存。

哈佛大学的一位校长曾指出:教育的目的不是学会一堆知识,而是学会一种思维。

苏联教育家霍姆林斯基曾指出:一个人到学校上学不仅是为了取得一份知识的行囊,而主要是得到多方面的学习能力,学会思考。

爱因斯坦曾指出:大学教育的价值不在于记住多少事实,而是训练大脑会思考。

一位哲学家指出:真正教育的旨趣,在于即使是学生把教给他的知识都忘了,但还能使他获得受用终生的东西,那种教育才是最好的教育。

2. 教师与学生的一次对话

下面是一位教师与即将离校学生对话的真实例子。

大学期间学子毕业答辩尾声时,一位台下老师问道:"你认为你大学四年学的哪些知识,对你做论文最有帮助?"学生毫不迟疑地答道:"几乎没有帮助。因为老师给定的研究内容,确实非四年所学任何一科目,非数学分析、非高等代数、非信息论等。论文具体内容已经模糊,只记得费时多日,才勉强得到了一些新公式及证明过程,也确实未明确用到哪些所学的、细节的专业知识。"老师思考片刻,意味深长道:"并非如此。你之所以能完成并做好论文,虽然未直接用细微的、具体的书本专业知识,但你用到的理解力、思维力,正是这四年本专业系统学习的结果。"

1.3.2 培养学生的思维能力

思维是人脑对客观事物的间接的、概括的反映,是认识的理性阶段。它反映的是客观事物的本质属性和规律性的联系。

思维能力是指人们在遇到问题时,通过比较、理解、分析、综合、概括、抽象、判断等,对感性材料进行加工并上升为理性认识来解决问题的能力。总之,思维能力是学习能力的核心。培养学生思维能力的重点应该集中在以下 3 个方面。

1. 创造性思维

创造性思维是人类独有的高级心理活动过程,它是人类区别于动物的显著标志,正如数学家华罗庚所指出的"'人'之可贵在于能创造性地思维"。

创造性思维是以感知、记忆、思考、联想、想象、理解等能力为基础,具有综合性、探索性和求新性特征。创造性思维不仅能够发现新事物,而且能进一步揭示事物的本质。因此,创造性思维是一种具有开拓人类认识新领域、开创人类创造新成果的思维活动。

在课堂教学中,教师应鼓励学生要有创造意识和创新精神,增强学生学习的独立性,使其保持应有的好奇心,激发学生的想象力;增强问题意识,在课堂听讲和读书学习中,注意发现问题,提出问题,鼓励学生不墨守成规,能够创造性地提出问题和创造性地解决问题。

创造性思维是发明创造的源泉。牛顿说:没有大胆的猜想,就做不出伟大的发现。爱因斯坦说:看来,直觉是头等重要的。庞加莱说:逻辑用于论证,直觉可用于发明。钱学森曾倡导,提高创造性思维必须以形象思维作为突破口。

2. 系统性思维

系统性思维是指考虑问题要从整体出发,善于抓住问题的各个方面,能够正确地处理整体与局部的关系。在进行思维训练时,应训练学生站在系统的高度学习知识,注重知识的整体结构,经常进行知识总结。寻找新旧知识的联系与区别,挖掘共性,分离个性,在比较中学习新知识。注重知识的纵横联系,在融会贯通中提炼知识,领悟其关键、核心和本质。

3. 辩证思维

辩证思维是唯物辩证法在思维中的运用,要求从事物内在矛盾的运动变化以及事物普遍存在联系的事实出发,用动态发展的观点来观察问题、分析问题和解决问题。对立统一规律、质量互变规律和否定之否定规律是唯物辩证法的基本规律,也是辩证思维的基本规律,即对立统一思维法、质量互变思维法和否定之否定思维法。

教师要鼓励学生追根究底,凡事都要去问为什么,坚决摈弃死记硬背,不但要知其然,更要知其所以然。要鼓励学生积极开展问题研究,养成深钻细研的习惯。每当遇到问题时,尽可能地寻求其规律性,或从不同角度、不同方向变换观察同一问题,以免被假象迷惑。

教学当然是向学生传授知识的过程,然而随着社会的发展,科学的进步,旧的知识会不断被淘汰,新的知识不断涌现,所以通过学校系统的学习,训练学生的思维,培养学生终生自学的习惯是十分重要的。

1.4 本章小结

教学的宗旨在于通过教学活动训练学生的思维,培养学生创造性思维、系统性思维和辩证思维的能力,为将来从事科教等工作奠定科学思维的基础。为实现这一目标,教师必须应用先进的学习理论指导教学,运用科学的教学方式进行教学。教学活动需要师生共同参与,教师是课堂教学的主角,学生是学习的主体,教学相长,相得益彰,教师爱护学生、尊重学生,学生尊敬教师、崇尚科学,让"青出于蓝而胜于蓝"成为教师的座右铭。

第 2 章

系统科学基础

钱学森曾指出，不管哪一门学科，都离不开对系统的研究。他把系统定义为由相互作用和相互依赖的若干组成部分，结合成具有特定功能的有机整体。教师无论讲授哪一门课程都不是孤立的，它与该学科其他课程之间，以及该课程内各部分内容之间都存在相互联系，因此教师必须自觉地运用系统科学理论指导教学。本章简要介绍系统科学的产生与发展、系统和系统科学的基本概念及分类，以及系统科学思想在课堂教学中的具体运用。

2.1　系统科学的产生

古代人们在生产、生活和社会实践活动中，逐渐形成了把自然界当作统一体的思想。例如，古希腊哲学家认为世界是包括一切的整体。中国古代医学"天人合一"的思想、当代"人类命运共同体"的思想都饱含着系统科学的思想。

16、17世纪，近代科学包括力学、天文、物理、化学、生物等学科的创立，确立了机械自然观和科学方法论。18世纪，英国的技术革命、法国的大革命都推动了科学和技术的结合。

19世纪，能量守恒定律、细胞学说和进化论三大发现，促进自然科学取得了许多成就。钱学森指出，19世纪自然科学本质上是整理材料的科学，是关于过程、关于这些事物的发生发展以及关于联系——把这些自然过程结合为一个大的整体的科学。

20世纪，现代科学在计算机、航天、信息、生物、材料等领域取得的辉煌成就，促进了系统科学的进一步发展。

21世纪，人工智能、计算智能、量子计算、互联网、物流网、大数据、云计算等推动信息化、数字化、智能化，使复杂系统的研究成为系统科学发展的前沿。

普朗克指出，科学是内在的整体，它被分解为单独的部分不是取决于事物的本身，而是取决于人类认识能力的局限性。实际上存在着由物理到化学，通过生物学和人类，再到社会学的连续链条,这是任何一处都不能被切断的链条。

德国物理学家、协同学的创始人哈肯指出,系统科学的概念是中国学者较早提出来的,这对理解和解决现代科学,推动它的发展是十分重要的。中国是充分认识到系统科学重要性的国家之一。

钱学森在美国学习工作期间,潜心研究应用力学、工程控制论和物理力学,成为了世界著名的技术科学家和火箭技术专家。回国后,他领导、开拓我国导弹、航天事业,成为世界级的航天发展战略家、系统工程理论的开拓者。

2.2 系统科学研究的三个阶段

系统科学是以系统及其应用为研究对象的基础理论,它是综合多门学科内容而形成的一个新的综合性学科体系。系统科学着重考察各类系统的关系和属性,揭示其活动规律,探讨有关系统的各种理论和方法。

系统科学的研究可分为线性科学、非线性科学和复杂性科学 3 个阶段。

第一阶段(20 世纪 40—60 年代),创立的老三论"系统论、控制论、信息论"属于线性系统理论,属于线性科学的范畴。

第二阶段(20 世纪 70 年代),诞生的新三论"耗散结构论、协同学、突变论"形成了非线性科学。非线性科学主要包括以下理论。

(1) 耗散结构论。1969 年比利时自由大学化学家普利高津创立了耗散结构论,1977 年获得了诺贝尔化学奖。

(2) 协同学。1969 年德国斯图加特大学理论物理学家哈肯创立了协同学理论,1976 年获英国物理科学院及联邦德国物理学奖,1981 年获美国富兰克林研究院奖。

(3) 突变论。1972 年法国数学家托姆创立了突变理论,1958 年托姆获得了菲尔兹奖。

(4) 混沌学。早在 1904 年,法国数学家庞加莱提出了混沌存在的可能性。1963 年,美国气象学家洛伦兹发现混沌现象。1975 年,约克和李天岩提出混沌一词,1978 年费根鲍姆发现混沌的两个普适常数,为混沌学研究作出了重要贡献,因而荣获了计算机领域最高奖——图灵奖。

(5) 分形理论。1973 年,美国 IBM 公司数学家芒德布罗特提出了分形理论,主要研究不规则的几何图形问题。此外,非线性科学还包括超循环理论、孤子理论等。

第三阶段(20 世纪 80 年代)开始了复杂系统理论、复杂性研究。

由物理学家盖尔曼、安德森、经济学家阿罗三位诺贝尔奖得主发起的美国圣菲研究所,集中了一批不同领域、不同学科的科学家从事跨学科、跨领域的复杂系统、复杂性研究,通过对社会系统、经济系统、生命系统、免疫系统、生态系统及人脑等复杂性研究。他们认为事物的复杂性是从简单性发展起来的,是在适应环境的过程中产生的。以霍兰为代表创立了复杂适应系统理论,并得出重要结论——适应性造就了复杂性。

2.3　系统的概念及分类

2.3.1　系统的基本概念

(1) 系统:由两个及两个以上的部分(组分、单元)组成,它们之间相互作用、相互影响、相互制约、相互协作,形成具有一定结构和整体功能的有机体,称为系统。

(2) 结构:组成系统各部分相关联方式的总和称为结构。不同的关联方式构成不同的系统结构,从而影响系统的功能。按结构分类包括静态结构、动态结构、时间结构、空间结构和时空结构。

(3) 层次:对复杂系统通常由低级到高级逐级划分成层次进行研究,然后把多个层次组织整合来实现整体功能。层次反映系统的复杂程度,系统越复杂层次就越多。

(4) 行为:在所处环境作用下系统所表现出的自身特性的任何变化,称为系统行为。

(5) 功能:系统对环境产生的持续作用,称为系统的功能。

(6) 环境:系统之外一切与其相关联的、有影响的事物总和,称为环境。

(7) 状态:状态指系统可以观察和识别的状况、态势、特征等,它是刻画系统定性性质的概念,但一般又可以用系统定量特征来表征,称为状态变量。

(8) 演化:系统的结构、状态、特性、行为、功能随时间的变化过程,称为演化。

(9) 进化:系统演化方式由低级到高级、由简单到复杂的过程,称为进化。

(10) 涌现性:系统科学将构成系统的整体才具有而构成系统的孤立部分及其总和不具有的特性,称为系统的涌现性。

2.3.2　系统的分类

系统有多种多样的分类方法,最常用的有以下几种分类方法。

(1) 按大小分:小系统、大系统、巨系统。

(2) 按层次分:简单系统、复杂系统。

(3) 按输入输出特性分:线性系统、非线性系统;连续系统、离散系统和混杂系统。

(4) 按系统与环境的关系分:开放系统(和环境有能量、物质交换的系统);封闭系统(和环境只有能量交换的系统);孤立系统(不受外界影响的系统)。

通常,人们用"1+1 和的大小关系"来对线性系统、非线性系统和复杂系统三者之间的本质特性概括描述如下:线性系统特性为 $1+1=2$;非线性系统特性为 $1+1\neq2$;复杂系统特性为 $1+1>2$。

　　耗散结构论的创始人、诺贝尔奖得主普里高津教授指出,当代科学正迅速发展,一方面是人对物理世界的认识,在广度和深度上扩大;另一方面是由于研究的对象越来越复杂,引起科学观念和研究方法上质的变化,后一方面可能更为重要。

2.4　系统科学思想在指导教学中的具体运用

　　在对课堂教学质量评价标准中,有一条是对教学内容"系统性"的评价。为了提高课堂教学内容的系统性,应该从备课、编写教案、课堂教学设计、课堂教学方法、课堂教学手段等多个环节上下功夫。这是因为教学内容的系统性是通过上述各个环节的相互联系、相互作用,综合体现出来的整体效果。

2.4.1　教学各环节中的系统性

　　在备课阶段,如何体现系统性?教师应该在反复研读所选教材的基础上,再读一些同类教材作为参考书。对于备课中的难点、重点内容甚至有必要参考一些有价值的论文,也可在网上搜集一些对所讲授内容有益的素材。这样一来,备课内容的载体就包括教材、参考书、文献、网上资源等,这些载体就构成一个系统,教师在备课过程中的任务就是把这些载体所涉及的内容进行相互补充、取长补短,从而使讲授内容的选材来源于这些载体,但又高于这些载体。

　　在编写教案阶段,如何体现系统性?在上面选好讲授内容素材的基础上,要将这些素材组织在一起,形成内容、结构合理的教案,使课程内容的各个部分有机地联系在一起,成为相对完整的知识子系统。

　　在课堂教学设计阶段,如何体现系统性?编写好本次课的教案后,要确定怎样突出本次课的重点、化解难点。在课堂上用什么样的教学方法,通过什么样的辅助教学手段来讲好课,如,在讲到某个概念或问题时,要通过提问和学生互动。什么时候讲述,什么时候用板书,什么时候配合多媒体等都要纳入课堂教学设计中。

　　在课堂教学方法上,如何体现系统性?每次课的内容应该是比较完整的,即使是两部分相关的内容,也应该有引入、有过渡,前后要呼应,要有小结。在教学法上要由浅入深、循序渐进式地讲授,使讲述的内容形成学生容易掌握的连续不断的"知识流"。课堂教学缺乏系统性有种种表现,如讲得乱七八糟,东一把子西一扫帚,没有重点,缺乏层次等。

　　在课堂教学手段方面,如何体现系统性?课堂可以利用的教学手段包括教师口头讲授、利用板书、多媒体、学生回答等。在讲授过程中,一般口头提出问题,分析问题。对于公式推导、证明之类的内容利用板书效果更好,利用多媒体演示动态过程、动画,给出图、表、小结以及讲解习题效果更好。总之,上述的多种教学手段应相互配合,才能产生更好的教学效果。

2.4.2　教学内容的结构性

结构是系统科学中的一个重要概念。结是指结合,构是指构造,系统的结构是指系统的各个组成部分相互结合而形成的架构。系统科学把组成系统的各个组成部分之间相互关联方式的总和称为结构。系统科学关注的是结合方式及其形成的整个框架或构型。在实际应用中,结构多指那些主要教学内容的关联方式。

有一位学者指出,事物的结构高于事物本身。这意味着结构比内容更重要。如果把一堂课的内容比作一座建筑物,那么结构就好比是从低到高一层一层地浇筑钢筋混凝土的框架。类似这样的教学过程就要求教师在备课写教案之前,必须先拟定好提纲,确定好教学内容先后的逻辑关系。稍有疏忽,就会出现结构不合理的问题。举个简单的例子,如讲某个新器件,先讲它的特性,后讲它的结构。这样的安排就不如先讲它的结构,后讲它的特性更为合理。因为它的结构决定了它的特性,二者之间存在因果关系。

一堂课的内容结构可分为3个部分:引入、主讲内容、总结。引入就是序言,说明这堂课的目的,提出问题,或通过对上次课的简单复习后引出要讲的内容等。引入部分占用时间不宜过长,一般3~5分钟。主讲内容是一堂课的主体部分,同样也要安排好它的结构。总结部分是在讲完主讲内容之后,对本次课做小结,用几句话对这次课的重要概念、原理或公式等内容进行总结、凝练以至于升华,以给学生留下更深刻的印象。

一堂课的内容精心写成教案就如同一篇作品。它的结构分为宏观结构、微观结构。宏观结构是指把内容分成几大组成部分(章);微观结构是指把每个组成部分再细分成几个小的组成部分(节和小节);每一小节又可分成多个段落,每个段落由多个句子所组成。在撰写教案的过程中,要特别注意每一节或小节之间的中间过渡和衔接。要注意句子之间和句子中词汇间表达的逻辑性、连续性、可读性。

2.4.3　教学内容的层次性

层次是系统科学的又一个重要概念,层次反映了结构的复杂性,层次越多结构就越复杂。在课堂教学质量评价指标中,有一项指标就是讲课过程层次要清晰、分明。

在讲述内容较多、较难且讲述过程较复杂的情况下,要善于把复杂的问题分解成若干个既相对独立又有联系的小问题,再把这些小问题按照由浅入深、由易到难、由低到高的逻辑关系分层次地组织起来。这样的过程就好比我们走楼梯一样,上一个台阶接着上第二个台阶,直到走到拐弯处的平台转向再继续往上走楼梯,重复上述过程直到到达期望的楼层。这样的例子虽然很平常,但它对我们的启示是深刻的。如果把楼梯台阶设计得高一点,上楼就会感到吃力。讲课过程如同老师领着学生攀登知识的阶梯,讲述内容前后之间的梯度不宜太大,否则学生听不懂,会影响后面的教学效果。内容讲到可告一小段落后,可以将这一段

的内容小结一下,既是对讲过知识的巩固,又是对学生头脑记忆的某种缓冲,就像上楼梯走
到阳台一样。

2.5　本章小结

　　本章介绍的系统科学基础知识可总结成以下的一条知识链。

　　系统科学产生(生产、生活、社会实践)→系统科学发展三阶段[线性科学(系统论、信息论、控制论)→非线性科学(耗散结构论、协同学、突变论)→复杂性科学]→系统的重要概念(系统、结构、层次)→系统的三要素(组分、相互作用、整体功能)→系统的分类[线性系统(1+1=2)→非线性系统(1+1≠2)→复杂系统(1+1>2)]。

　　一门课程的教学工作包括课堂理论教学、实验教学、课后答疑、平时考核、期末考试等多个环节,这项工作本身就是一个系统工程。因此,要搞好教学工作离不开系统科学思想的指导。系统科学中最基本的概念是系统、结构、层次、环境等。组分、相互作用、整体功能是构成组成系统的三要素。教学过程要先讲解这部分内容中最基本的知识单元,再研究它们之间的相互作用,进而论述组成这部分内容的单元之间是如何相互作用实现某种整体功能的,这样讲课的过程就体现了用系统科学思想指导教学。

第 **3** 章

思 维 科 学 基 础

教师课堂教学的宗旨是训练学生的思维、培养学生尤其是研究生创新思维的实践活动。因此,为了讲好课,教师必须以思维科学作指导。对于工科大学教师而言,普遍都没有系统学习过思维科学、逻辑学、认知科学、心理学之类的课程。为了弥补这方面基础知识的不足,本章简要介绍思维科学的基本概念、主要特征、思维的类型、思维的形式、推理方法,以及思维科学在指导课堂教学中的具体运用。

3.1 思维科学与思维的特征

3.1.1 思维科学

思维科学是研究人们认识客观世界的思维规律和思维方法的科学。国外早期类似的研究学科被称为逻辑学,近些年来类似的研究被称为认知科学(Cognitive Science),主要研究人的思维从未知到认知的过程和规律;认知心理学(Thinking and Knowing)主要研究大脑对信息的加工、存储和提取方式,以及人的高级心理认知过程。

掌握思维科学的基本概念、基本原理,对于教师、科技人员和攻读学位的研究生都是至关重要的。

关于思维的定义,心理学家有不同的见解。西方心理学偏重思维过程本身,我国心理学界偏重思维区别于其他认知过程的特点。

思维是对客观事物间接的、概括的反映,它反映的是事物的本质属性和事物之间的规律性的联系。所谓本质属性,是指一类事物所特有的属性,而规律性的联系就是必然联系。

思维是人类认知活动的最高级形式。因为思维不仅具备对客观事物、信息等的感知、直觉和记忆等低级认知功能,还具备低级认知所不能完成的概括规律、推断未知的功能。

3.1.2　思维的特征

思维具有概括性、间接性、逻辑性、层次性、目的性和能动性。

1. 思维的概括性

思维的概括性是指思维反映了事物之间的必然联系,可以把同类事物的共同特征和本质特征抽取出来,然后加以推广。思维的概括性有助于人们认识到事物内外部的必然的相互联系和一般规律。

2. 思维的间接性

思维的间接性是指通过思维过程人们可以根据已知信息推断出没有直接观察到的事物。也就是根据已有的事物间的必然联系,人们可以通过已知来推断未知。

3. 思维的逻辑性

思维的逻辑性是指人类思维总是按照一定的形式、方法和规则进行的,人类思维的逻辑性是区别动物思维的重要标志。

4. 思维的层次性

人的智力水平是有高低之分的,而思维能力的高低集中反映出智力的水平,因此通过思维的敏捷性、灵活性、深刻性、批判性和创造性等品质,体现出思维的层次性。

5. 思维的目的性

思维是为了解决问题、深入认识客观规律,进而改造世界,也就是说,思维总是和解决问题、完成某项任务相联系,这就是思维的目的性。

6. 思维的能动性

思维的能动性是指人类自身不仅能够深刻地认识世界,还可以能动地改造世界,能够创造出思想产品。这种产品包括调查报告、工程设计、科学实验、技术发明、文学创作等。

3.2　思维的类型

思维有 3 种类型:抽象思维、形象思维和灵感思维,它们又分别称为逻辑思维、直觉思维和顿悟思维。

3.2.1   抽象思维

抽象思维是指以抽象概念为媒介的思维形式,它是人类思维的主要形态。抽象思维又称为逻辑思维。研究逻辑思维的学科称为逻辑学,逻辑学又分为形式逻辑和辩证逻辑两大类。形式逻辑是研究人们思维形式的结构及思维基本规律的科学,而辩证逻辑是关于思维运动的辩证规律的理论。

虽然形式逻辑和辩证逻辑都是研究思维形式,但是它们是从不同角度出发的。形式逻辑从抽象同一性角度研究思维形式,即把思维形式看作既定的相对稳定的范畴;辩证逻辑从具体同一性角度研究思维形式,即把思维形式看作对立统一、矛盾运动和转化的范畴。其次,形式逻辑的基本规律是同一律、矛盾律和排中律,它们虽有客观基础,但不是事物本质的规律;辩证逻辑的基本规律是对立统一、质量互变、否定之否定等规律,它们是客观事物本身的规律。

数理逻辑又称符号逻辑,它源于形式逻辑,现已成为独立的学科。数理逻辑使用数学方法,即使用符号表示逻辑,研究推理、证明等问题。在形式化方面、数理逻辑比形式逻辑更丰富、更发展。

3.2.2   形象思维

1. 形象思维的概念及其特点

形象思维又称直觉思维,通俗地说,形象思维是凭借形与象的思维。这种思维活动通过形与象来思考和表述,主要手段是图形、图像、表示动态行为的曲线等形象材料。形象思维表述事物直观、生动、鲜明。形象思维过程主要表现为类比、联想、想象。

人的感觉器官接触到外界事物,通过大脑产生感觉,不同的感觉(视觉、听觉等)相互联系,经过综合以后形成知觉,知觉在头脑中形成外界事物的感性形象,叫作映像,或称通过感性认识获得的表象,用表象进行的思维活动叫作形象思维,又称直觉思维。

感觉知觉是对当前事物的直接反映,是认识事物的初级阶段。表象是通过回想或联想在头脑中呈现的过去感知过的事物的形象,是对过去感知过的形象的再现。

概括地说,形象思维是在实践活动和感性经验的基础上,以观念性形象即表象为形式,借助各种图式语言或符号语言为工具,以在经验中积累起来的形象知识为中介反映事物本质和联系的过程。

2. 形象思维的规律

形象思维的规律包括转换关联律和模式补形律。

1)转换关联律

在形象思维过程中,人们把事物的表象以及表象过程的信息转化成事物的状态信息,即通过表象反映事物的内在性质、内部变化和关系,必须事先在实践活动中建立起表象信息和状态信息的关联系统。由于形象思维最基本的过程是形象信息与状态信息转换的过程,所以转换关联是形象思维的一条基本定律。

2）模式补形律

模式补形律是利用观念性的形象模式对事物或事物过程的表象进行整合补形,从而推出事物的补形或全形的规律。所谓观念性的形象模式,是指事物或事物过程的概括表象,是在长期实践过程中逐渐形成的,它是对事物或事物过程的丰富形象特征进行分析、选择、概括、定型的结果,是形象思维中进行模式补形的内在根据。所谓整合补形,是对事物不完整的、片面的表象进行加工、整理,同时补出缺少部分形象或补出事物完整形象的过程,它是一种形象思维的推理形式。

3. 形象思维的主要形式

形象思维的过程主要表现为类比、联想和想象。

1）类比

类比是通过两个不同对象进行比较的方法进行推理,而重要的一环就是要找到合适的类比对象,这就要运用想象。类比方法在维纳控制论的形成和创立过程中起到关键的作用,正是采用类比沟通了机器、生命体和社会等性质不同的系统,找到了它们的相似性,为功能模拟方法的运用提供了逻辑基础。

2）联想

联想是一种将工程技术领域里的某个现象与其他领域里的事物联系起来加以思考的方法。联想能够克服两个概念在意义上的差距从而把它们联系起来,联想的生理和心理机制是暂时的神经联系,也就是神经元模型之间的暂时联想。维纳就是利用类比和联想的方法,考究反馈在各种不同系统(从人的神经系统到技术领域)的表现,为控制论的形成奠定了基础。

3）想象

想象是对头脑中已有的表象进行加工改造而创造新形象的思维过程。因此,它可以说是一种创造性的形象思维。想象不是直接感知过的事物的简单再现,而是对已有的表象进行加工改组形成新形象的过程。想象对新知识的探索和科学发现具有重要作用,爱因斯坦曾说:想象力比知识更重要,因为知识是有限的,而想象力概括着世界上的一切,推动着进步,并且是知识进化的源泉。严格地说,想象力是科学研究中的实在因素。在科学史上,曾经出现过许多大胆而成功的科学想象或科学幻想,俄国科学家齐奥柯夫斯基在 1894 年作出的未来宇宙航行的设想,就是突出的一例。

钱学森指出,人认识客观世界首先是用形象思维,而不是用抽象思维。就是说,人类思维的发展是从具体到抽象。爱因斯坦曾指出,直觉是头等重要的。庞加莱曾指出,逻辑用于论证,直觉可用于发明。

3.2.3　灵感思维

灵感思维是指人们在研究过程中对于曾经长期反复进行过探索而尚未解决的问题,因某种偶然因素的激发而豁然开朗,使其得到突然性顿悟的思维活动。灵感思维又称为顿悟思维。

灵感与机遇都同属一种偶然性,但二者性质又不相同,机遇发生在观察和实验中,属于客观现象,而灵感却产生于思考问题的过程中,属于主观现象。在科学史上,因偶然因素而产生灵感的事例是不胜枚举的。

灵感是人脑中显意识与潜意识交互作用而相互通融的结晶。潜意识推理是一种特殊的非逻辑性认识活动,它是多因素、多层次、多功能的系统整合过程。灵感思维实际上是一种潜意识思维方式,即是一种非逻辑思维,它同抽象思维、形象思维一样,都是人们理性认识所具备的一种高级认识方式。灵感思维的基本特征是它的突发性、偶然性、独创性和模糊性,这些特征是它区别于其他思维形式的显著标志。

3.3　思维的形式——概念、判断和推理

思维的形式是概念、判断和推理。因此,概念、判断和推理称为思维的三要素。

3.3.1　概念

概念是人们对客观事物本质属性刻画的一种思维形式。国家标准指出(GB/T 15237.1—2000),概念是对特征的组合而形成的知识单元。它反映事物的本质属性,是人们对事物本质的认识,是逻辑思维的最基本单元和形式。

概念是反映事物特征的思维单元,特征是构成概念的特点、属性或关系,是区别概念的基础。专业概念的词或词组称为术语。概念是思维形式最基本的组成单位,又被称为科学的细胞,它是构成判断、推理的要素。概念是在人们对客观事物本质属性的认识过程中形成的。事物的本质属性通常是区别于其他事物所具有的特殊性。

3.3.2　判断

判断同概念一样都是思维的一种形式,判断是概念与概念的联合。在普通逻辑中,判断是指对思维对象具有或不具有某种属性的断定,即无条件地肯定或否定某个事物的句子,称为判断句。在思维过程中,判断是进行推理的前提条件。

3.3.3　推理

判断与判断的联合称为推理,即从两个判断推导出第三个判断的过程称为推理。科学推理有多种形式,但常用的主要有两种:演绎推理和归纳推理。

(1) 演绎推理。

演绎推理是从一般到特殊的推理方式,即从一般规律出发,运用逻辑证明或数学运算推导出符合事物应遵循的规律。三段论推理是演绎推理的一种主要形式。

三段论推理是指根据两个命题(判断句)得出第三个判断句,即结论的过程。所谓三段论包括:第一个判断为一个大前提,表示一般的原理原则;第二个判断为小前提,表示一个特殊事物;第三个判断为结论。

(2) 归纳推理。

归纳推理是指人们从特殊知识的前提到一般知识结论的推断过程。它是对大量个别特殊的材料进行概括和加工而得出一般的结论或规律的推理法。归纳推理在知识获得的过程中起着非常重要的作用。

在科学研究中,除了常用的演绎推理和归纳推理方法外,还有如下的科学推理方法。

(3) 比较与分类:通过比较事物的共同点和差异点,可以根据共同点将事物分类,分类可按现象和本质分为两类。分类有助于人们从现象认识事物的本质。分类便于检索,能够预见未来。

(4) 分析与综合:分析是在思维中把认识对象的整体分解为各个部分,先认识其中的各个部分,然后,再进一步从多方面的属性中发现其基础或本质的东西。综合是在思维中将把对象的各个本质方面按其内在联系组合成一个统一整体的思维方法。

(5) 类比推理:类比推理是根据对象的一些相同属性,推出其中一个未知属性的逻辑推理方法。

(6) 例证法:以客观存在的事实为证据的推理方法,在自然科学科技论文推理中经常应用这种方法。

(7) 假说与理论:科学假说是根据已知的事实和科学知识,对未知的客观现象及其规律作出假定性的说明。假说从实践中来,又要回到实践中去接受检验。

(8) 控制论方法:控制论方法的核心思想是利用反馈对被控对象实际输出与期望输出的偏差来进行控制的,反馈控制有利于消除外部干扰。

(9) 信息化方法:信息化方法是借助计算机对信息进行的获取、传递、加工、处理等步骤来揭示研究对象的性质和规律。

(10) 系统方法:把对象作为一个系统来研究,从整体的观点出发,综合应用现代科学、技术及工具,定性和定量地考察部分、系统与环境之间的相互关系,以便使研究对象达到最优的指标。

（11）理想化方法：理想化方法是抓住主要因素运用科学抽象建立理想化模型，并对真实实验作深入抽象分析来设计理想实验，在塑造理想条件下的运动过程中进行严密逻辑推理的研究方法。

（12）元过程法：对于许多自然现象和过程可以将局部从全局中孤立出来加以研究，利用局部有限的实验和理论研究中所得到的自然规律，再去研究局部范围以外的现象和规律。

此外，还有模型化方法、黑箱法、移植法等，在此不再赘述。

科学研究的两大武器是科学实验和辩证思维。也就是说，既要勇于动手实践，又要善于动脑思考。科学研究的任务在于通过感觉而达于思维，揭示客观事物的本质和规律。对所获得的感性材料要进行去伪存真，在此基础上运用比较、分类、类比、归纳与演绎、分析和综合等方法，才能透过现象，认识本质。

3.4　思维科学在课堂教学中的指导作用

3.4.1　语言在课堂教学中的独特作用

教师在授课过程中，处处都离不开思维科学。例如，用语言讲授内容，语言是思维的外壳，是思维的内容。同样的一段内容，教师讲话的语气、语调、表情乃至肢体语言等都会影响学生思维的活跃性、学习的情绪以及听课效果。所以，教师在课堂上讲课时要有精气神，要有激情，从而激发学生的学习热情，形成一个良好的听课氛围。

教师良好的语言表达还表现在语言要确切、精练、准确、言简意赅、逻辑性强，真正做到讲的过程多一个字或词就啰唆，少一个字或词就不通。这样自然会使听课的学生对教师有敬仰之心而注意力被教师所紧紧吸引。可见，教师的语言表达能力在课堂教学中起着至关重要的作用。

对于在理工科课程的教学中，教师讲课语言表达不仅要逻辑严密、简洁、准确、生动、流畅，尽量少用修饰性、夸张性语言，避免口头语，而且要善于运用"工程语言"。所谓工程语言，是指除了人的自然语言之外的公式、图、表、程序等，其中图包括曲线图、结构图、原理图、示意图、图解框图、流程图、图片、动画等形式。通过这些形式表达各种变量之间的关系更精确、直观、形象。

3.4.2　运用抽象思维、形象思维和灵感思维指导教学

要用思维科学指导好课堂教学，首要的是从讲好每一个概念开始。因为概念是认识新事物并揭露事物本质属性的一种思维形式，只有把概念讲清楚，才能通过两个概念的联合形成正确的判断（命题），进而把两个判断联合形成推理（引理或定理）。显然，概念的重要性是

不言而喻的。

在自然科学所有学科的课程中,几乎都有各种各样的数学公式来定量描述多种变量之间的关系,这样一些公式就属于逻辑思维,即抽象思维形式。抽象思维就是在认识事物中运用概念、判断、推理的思维形式,对客观事物进行间接的、概括的反映乃至定量描述的过程。

形象思维是指用直观形象和表象解决问题的思维,形象思维的过程主要表现为表象、联想和想象。表象是指过去感知过的事物形象在头脑中再现的过程。形象思维的基本单位是表象,它是用表象来进行分析、综合、抽象、概括的过程。当人们利用已有的表象解决问题时,或借助于表象进行联想、想象,通过抽象概括构成一个新形象时,这种思维过程就是形象思维。所以,利用表象进行思维活动、解决问题的方法,就是形象思维法。教学内容中的曲线、图表等都是形象思维的产物。理工科课程的授课内容区别于文学作品的纯粹描述性语言,而是较多地采用图表之类的形象语言,使表达更生动、形象。

灵感思维在课堂教学中,对于激发学生联想、想象、浮想联翩,从而诱发灵感思维的火花,起到催化剂的作用。因此,教师在讲到一些长期没有解决或解决得不够彻底的疑难问题时,或是讲到一些新方法、新发明、新原理时,要特别注意鼓励、激发学生的灵感。

教师不仅要善于使用抽象思维的自然语言表达,更要善于运用形象思维的工程语言来表达。因为图表善于表达研究问题中变量的动态变化过程,具有生动鲜明的特点,弥补了文字描述的不足。将上述两种表达方式巧妙地结合,做到融合互补,但又不重复。这就需要教师开动脑筋,既发挥好左脑的逻辑思维表达功能,又发挥好右脑的形象思维表达功能,并做到定性、定量综合集成,才会使讲课内容具有科学、准确、鲜明的特点。

3.5　本章小结

本章介绍的思维科学基础知识可总结成以下的一条知识链。

思维科学(逻辑学、认知科学、认知心理学)→认识客观世界的思维规律和思维方法→思维→人类对客观事物本质属性和事物之间必然联系的认知活动→思维的特征(概括性、间接性、逻辑性、层次性、目的性、能动性)→思维的类型(1 抽象思维,2 形象思维,3 灵感思维)→1 抽象思维(逻辑思维)→抽象思维形式及规律[辩证逻辑(对立统一、质量互变、否定之否定),形式逻辑(同一律、矛盾律、排中律)→数理逻辑(用符号表示逻辑,研究推理、证明)]→2 形象思维(直觉思维)→形象思维规律(转换关联律、模式补形律)→形象思维的形式(类比、联想、想象)→ 3 灵感思维(顿悟思维)→人脑中显意识与潜意识交互作用而相互通融的结晶→ 灵感思维的特征(突发性、偶然性、独创性、模糊性)→思维的形式(1 概念,2 判断,3 推理)→1 概念(人们对客观事物本质属性刻画的一种思维形式,反映事物本质属性的知识单元)→2 判断(判断是概念与概念的联合)→3 推理(推理是判断与判断的联合)→推理的主要形式[演绎推理(三段论推理)→大前提、小前提、结论,归纳推理]。

第 **4** 章

科 学 方 法 论 基 础

教师传授知识属于科学的范畴。为了搞好教学工作,教师应该掌握科学方法论中的基本概念和基本规律。科学方法论中最基本的概念包括哲学、认识、实践、矛盾、对立统一、辩证法、共性、特性、同一性、斗争性、量变、质变;科学方法论的基本规律包括对立统一规律、量变质变规律、否定之否定规律。本章介绍科学方法论的基本概念和基本规律,以及怎样用科学方法论指导教学。

4.1　自然科学研究方法

教师教学的内容属于科学的范畴。科学的本质在于创新,而创新必须有正确的科研方法。自然科学研究方法可划分为 3 个层次:

(1) 哲学层面提出的普遍指导方法。

(2) 自然科学中广泛采用的一般方法。

(3) 学科专业领域采用具体的特殊方法。

自下而上,层次越来越高,意义重大,指导作用强;自上而下,层次相对越低,指导得越具体而深入。爱因斯坦曾指出,哲学可以被认为全部科学研究之母。

哲学方法是对包括自然科学、社会科学、思维科学在内的一切科学的最普遍意义上的指导方法,是研究体系中的最高境界。

人们对客观事物的认识是一个在实践基础上不断深化发展的过程,表现为由简单到复杂,由低级的感性认识到高级的理性认识阶段的前进运动,实践、认识,再实践、再认识,循环反复,以至于无穷,螺旋式上升,是人类认识的前进规律。

4.2　自然辩证法基础

4.2.1　自然辩证法

自然辩证法是人们研究自然界和认识自然、改造自然的最一般规律的学科。自然辩证法的研究内容包括两大方面：一是自然观,即对自然界辩证法的研究;二是自然科学观,即对自然科学辩证法的研究。

自然辩证法指出：一切对立的东西都经过中间环节互相过渡……辩证法不知道什么绝对分明的界限,不知道什么无条件地普遍有效的"非此即彼",除了"非此即彼",又在适当的地方承认"亦此亦彼",并且把对立的东西统一起来。

4.2.2　矛盾的普遍性

矛盾是指世界上一切事物、现象、系统、过程的内部都包含着既相互关联又相互排斥的两个方面。矛盾是标志事物之间或事物内部各要素之间的对立和统一及其关系的基本范畴,范畴指人的思维对客观事物的普遍本质的反映。人的概念的每一个差异,都应把它看作客观矛盾的反映。客观矛盾反映人的主观思想,组成了概念的矛盾运动,推动了思想的发展。

矛盾是辩证法的核心概念,矛盾就是对立统一。恩格斯的《自然辩证法》表明,对立统一的规律是自然界的根本规律,它通过自然界中各种矛盾的不断斗争和相互转化来决定自然界的生存,支配着整个自然界。毛泽东同志在《矛盾论》等哲学著作中把这一思想概括为矛盾的普遍性,矛盾存在于一切事物的发展过程中;对立统一规律是宇宙的根本规律,不论在自然界、人类社会和人的思想中都是普遍存在的。矛盾着的对立面既对立又统一,既同一又斗争,由此推动事物运动和变化。

4.2.3　对立统一规律

对立统一规律又称为矛盾规律、矛盾论。对立统一规律是指任何事物都包含着矛盾,矛盾双方既对立又统一(既同一又斗争),由此推动着事物的发展。对立统一规律揭示了事物发展的源泉、动力和实质内容,是提供理解现存事物的"自身运动"的钥匙,它是唯物辩证法的实质和核心,是人们认识世界和改造世界的根本指导原则。

1. 同一性与差异性

同一性(统一性)与差异性(斗争性)是矛盾的两种属性。矛盾同一性是矛盾的双方相互联系、相互吸引的性质和趋势。矛盾斗争性是矛盾的双方相互离异、相互排斥的性质和趋势。矛盾双方共存于一个事物中,互为条件,矛盾的斗争性推动事物发展,这就是矛盾同一性与差异性的辩证关系。

2. 普遍性与特殊性

矛盾普遍性是事物共性,是无条件的,是绝对的。矛盾特殊性是每一个事物的运动形式和其他运动形式质的不同的特性。矛盾的普遍性和特殊性既是区别的,又是相互联结的,它们的区别是相对的,在一定条件下可以相互转化。这就是矛盾普遍性与特殊性的辩证关系。矛盾的普遍性和特殊性即共性与个性、绝对和相对的原理,是矛盾问题的精髓。

3. 矛盾发展的不平衡性

矛盾发展的不平衡性主要表现在:一是主要矛盾和非主要矛盾的不平衡;二是矛盾的主要方面和次要方面的不平衡。主要矛盾是处于支配地位的,对事物的发展过程起决定作用的矛盾;相反,次要矛盾则是处于从属地位的,对事物的发展过程不起决定作用的矛盾。不论是主要矛盾还是次要矛盾,矛盾双方中处于支配地位,起主导作用的一方称为矛盾的主要方面,处于被支配地位的另一方则是矛盾的次要方面。在一定条件下,矛盾的主要方面和次要方面可以相互转换。

4.2.4 量变质变规律

事物的发展变化总是由量变到质变,由质变到量变,这种量变和质变的相互关系和相互转化的规律,称为量变质变规律。

质是事物区别于其他事物的一种内在规定性。事物的质通过属性表现出来,质是事物的内在规定性,属性是它的外在表现。量是事物的规模、发展程度、速度及其构成成分等可用数量表示的规定性。

任何事物都是质和量的统一体,反映特定质和特定量相统一的哲学范畴称为度。度是事物保持其质的量的限度,任何事物都有度。只有认识了事物的度才能在科研实践中提出正确的指导原则。

量变指事物量的变化:一是数量的增减和场所的变化;二是事物内部空间排列结构的变化。质变指事物性质的变化,是由一种质态向另一种质态的转变。

量变是质变的必要准备,质变是量变的必然结果。质变具有突发性,但它是以逐渐的量变为基础的。质变体现和巩固量变的成果,并进一步引起新的量变。量变可以转化为质变,质变可以转化为量变,如此循环往复,以至无穷,不断推动事物向前发展。

量变和质变是辩证统一的。量变和质变不仅具有普遍性,而且具有多样性、复杂性和相互渗透性。量变和质变的相互渗透,揭示了事物发展过程的连续性和阶段性的统一。

4.2.5　否定之否定规律

否定之否定规律指出,由于内在矛盾性或内在否定的力量,促使现存事物转化为自己的对立面,由肯定达到对自身的否定,进而再由否定达到新的肯定,这就是所谓的否定之否定,由此显示出事物自身发展足迹的完整过程。

由于事物的矛盾运动,任何事物内部都包含着肯定方面和否定方面。肯定方面是维持其存在的方面,否定方面是促使事物灭亡的方面。肯定和否定是相互对立、相互排斥、辩证的统一。辩证的否定是在否定旧事物的同时,保留旧事物中积极的因素,它把新旧事物联系起来,是包含着肯定的否定。辩证的否定过程要经历肯定—否定—否定之否定这样 3 个阶段。在内容上是自我发展、自我完善的过程,在形式上是波浪式前进或螺旋式上升的过程。这一过程体现了事物发展过程的周期性和曲折性的统一。

4.3　怎样用科学方法论指导教学

授课内容所研究的对象一般都是一个系统,按照系统矛盾论的观点,任何系统都包含矛盾,而且不止一个矛盾。所以,授课时必须采取抓主要矛盾的思想方法。如何解决主要矛盾的对立双方在一定的条件系统一的问题,就成为研究中的关键问题。为此,必须采取对立统一规律加以解决。解决的基本途径是在矛盾的双方之间建立某种联系,通过这种联系的过程使对立的双方得以共存,从而使对立的双方达到统一的目的。

我们再回到自动控制系统的例子。被控对象由于自身参数变化,控制系统受到干扰等因素的影响,导致被控对象总是有背离期望规律的倾向,也就是说,被控对象的输出和给定的输入即期望的输出之间存在差异——误差,从矛盾论的观点看,差异就是矛盾,如何消除误差,解决这个矛盾呢?维纳在《控制论》中提出了反馈的概念,通过把被控对象的输出信号反馈到输入端,和给定输入信号进行比较,用二者的误差值作为控制器的输入,再通过设计控制律对被控对象进行不断地控制,使被控对象的输出误差减少到允许的范围内。

在讲授扎德创立模糊集合的内容时,就要和传统的集合相对比。康托的经典集合按事物是否具有某种属性把事物分为两类:具有某种属性用数 1 表示,不具有某种属性用数 0 表示,这样就形成二值逻辑。然而,经典集合并不能刻画具有某种属性并不分明的客观事物,为了能用集合来定量刻画属性不分明的事物,扎德提出用 0、1 之间的一个数表示事物具有某种属性的程度,于是就把他创立的模糊集合和经典集合统一了起来。把二值逻辑推广为模糊逻辑。这也是运用科学方法论中对立统一的规律解决矛盾问题的成功例子。

4.4 本章小结

本章介绍的科学方法论基础知识可总结成以下的一条知识链。

自然科学研究 3 个层次→哲学层面、自然科学层面、学科专业层面→哲学方法(指导自然科学、社会科学、思维科学等一切科学研究的最普遍方法)→自然辩证法(研究自然界和认识自然改造自然的最一般的规律)→辩证法的核心(矛盾是辩证法的核心概念)→辩证法的三大规律(1 对立统一规律、2 量变质变规律、3 否定之否定规律)→1 对立统一规律(矛盾论)→矛盾的特性(同一性与差异性、普遍性与特殊性、矛盾发展不平衡性)→2 量变质变规律(任何事物都是由量变到质变,由质变到量变的统一体)→3 否定之否定规律(辩证的否定过程要经历肯定→否定→否定之否定 3 个阶段)。

第二篇

智能控制课程教学文件与教学方法设计

　　智能控制课程教学文件是根据自动化学科(专业)研究生培养目标与定位的要求,以及根据教学计划规定的课程性质、目的、要求、内容、实验、学时、学分、考核标准等,编制的用于指导教学和具体实施教学的各类文件,其中包括教学大纲、教学日历、教学重点难点设计、教学手段、教学方法设计、教案、课件、实验指导书、试题、教学质量评价等。

　　课程教学大纲是教学文件中头等重要的文件,因为它是指导课程教学总的纲领性文件。其他的教学文件都是根据教学大纲的规定和要求进行设计、编制的。

　　本篇针对智能控制课程的教学文件进行设计编制,包括智能控制课程教学大纲、智能控制教学重点难点设计指导、教学手段教学方法设计、智能控制考试题目设计、智能控制系统仿真设计、课堂教学质量考核指标设计。其中有关教学手段教学方法以及课堂教学质量考核指标的设计,对于其他相关课程的教学也具有较大的参考价值。

第 5 章

智能控制课程教学大纲设计

为了编制自动化专业、电子信息类专业及相关专业对智能控制课程的教学大纲,本章首先阐述了研究生课程教学大纲的性质及编制原则,并在此基础上,设计编写了 A、B 两类智能控制课程教学大纲:A 类为自动化专业硕士研究生智能控制学位课教学大纲(48 学时);B 类为电子信息类专业硕士研究生智能控制选修课教学大纲(32 学时)。任课教师可以根据本专业的实际需要,参考 B 类大纲自行编写自动化及相关专业高年级本科生智能控制选修课的教学大纲。大纲编写强调智能控制课程的性质和地位、目的与要求、内容及学时、仿真实验以及考核方式,旨在对智能控制课程教学起到一定的指导作用。

5.1 研究生课程教学大纲的性质及编制原则

研究生课程教学大纲是根据本学科(专业)研究生培养目标与定位所决定的课程性质、地位、目的、要求,以及根据教学计划所规定的课程内容、教学方式、实验、学时分配、学分、考核指标等,编制的教学指导文件。

编制研究生课程教学大纲应遵循以下原则。

(1) 教学大纲编制应符合整体培养方案的要求,体现本学科(专业)人才培养目标与定位,明确本门课程在整个课程体系中的地位、性质和作用,要注意和本科生课程内容的衔接,及与本学科研究生其他相关课程内容的整合,避免内容重复,以达到本学科(专业)课程体系的整体优化。

(2) 教学大纲编制应注重课程的基础理论,教学内容要有一定的深度和广度,注重开拓本学科的学术视野,突出学科前沿及发展趋势。课程内容要有利于研究生掌握坚实宽广的基础理论以及系统深入的专门知识,有利于培养研究生的科学素养、思维能力、综合能力、实践能力和创新能力。

(3) 教学大纲编制应体现教学方式改革,针对研究生学习特点,提倡教学方式多样化,除教师讲授外,还可以采用讨论式、讲演式,以及课内与课外相结合等多种教学方式,以提升研究生语言表达能力、自主学习能力、分析问题和解决问题的能力。

5.2　智能控制研究生课程教学大纲(A)

1．课程基本信息

课程编号：……

课程名称：智能控制　　　　　　　英文名称：Intelligent Control

开课院系：……　　　　　　　　　任课教师：……

先修课程：计算机原理,自动控制原理

适用学科：自动化专业硕士研究生　　课程类别：学位课/必修课

教学时数：48　　　　　　　　　　开课形式：讲授

课程学分：3　　　　　　　　　　　实验时数：12(课外)

开课学期：……

2．课程性质与地位

　　智能控制是通过人工智能、计算智能研究人类智能、生物智能和自动控制等多学科交叉融合的前沿学科,被誉为继经典控制和现代控制之后的第三代控制理论。智能控制主要解决传统控制理论面临缺乏精确数学模型的复杂对象难以控制的问题。智能控制研究的重点不再是去建立被控对象的精确数学模型,而是综合运用模糊逻辑推理、神经网络学习、专家知识和智能优化方法等提高控制策略、规划和控制系统优化的整体智能性水平,使自动控制系统在不断变化的环境中具有自主学习、自适应、自组织能力,从而解决传统控制理论难以甚至无法控制的不确定性、非线性复杂对象的控制问题,并达到预定的目标和优异的控制性能指标。

　　21世纪在自动化面向信息化、网络化、数字化、智能化的发展进程中,智能控制将发挥极其重要的作用。因此,智能控制在自动化及相关专业硕士研究生的专业课程中占有头等重要的地位。

3．课程目的及要求

　　智能控制课程的目的是不仅使自动化专业的研究生扩展控制视野,而且要直接进入控制理论的前沿领域,要深刻理解控制理论的发展要走向与人工智能相结合的必然趋势,要充分认识到智能控制在智能自动化领域的重要地位及作用。

　　本课程教学要求研究生了解智能控制与传统的经典控制、现代控制在控制原理上的本质区别与联系,以及它们各自结构的特点和研究的重点,并能通过智能控制的三要素(智能信息、智能反馈、智能控制决策)来正确判断一个控制系统是否是智能控制系统;要求学生理解智能控制的智能源于用计算机模拟人的智能,以及模拟智能的符号主义、联结主义、行为主义的基本思想;要求学生掌握由模拟智能的 3 种形式而分别形成的模糊控制、神经控制、专家控制的系统的组成、基本原理、设计方法及主要应用领域。

要求学生通过课程教学的理论学习,不仅要掌握智能控制的基本概念、基本原理、基本方法,而且要求通过智能控制系统仿真实践,培养独立思考、理论联系实际,分析问题、解决问题的能力,为将来应用智能控制解决复杂的工程控制问题奠定理论和技术基础。

4. 课程内容及学时分配

教学内容分为 5 个单元:第 1 单元绪论;第 2 单元包括模糊控制、神经控制、专家智能控制和仿人智能控制;第 3 单元包括递阶控制和学习控制;第 4 单元包括智能优化算法和最优智能控制;第 5 单元智能控制的工程应用举例。

第 1 单元　绪论:从传统控制到智能控制(2 学时)

自动控制的概念、目的及要求,自动控制中快、稳、准的矛盾问题;控制论的创立;反馈及其在闭环控制中的作用;反馈控制的基本模式;控制理论发展的 3 个阶段;智能控制的概念、原理、功能;智能控制的三要素;智能控制系统的结构及主要类型。

第 2 单元　模糊控制、神经控制、专家控制——智能控制的 3 种主要形式(30 学时)

(1)模糊控制(14 学时):模糊控制的创立、发展及分类;模糊数学基础:模糊集合、模糊关系、模糊矩阵、模糊向量、模糊逻辑推理及万能逼近特性;模糊控制的原理、系统组成;经典模糊控制器的设计方法;查表式模糊控制器的设计;解析式模糊规则自调整控制器;T-S 型模糊控制器的原理及设计;模糊 PID 复合控制;自适应模糊控制原理;模型参考自适应模糊控制。

(2)神经控制(12 学时):神经网络研究概述;神经细胞结构、功能及模型;神经网络结构、模型及特点;神经网络训练、学习及学习规则;控制中常用的神经网络包括前馈神经网络、径向基神经网络、反馈神经网络、Boltzmann 机、深度神经网络、卷积神经网络;神经网络的逼近能力及系统辨识原理;神经网络控制的原理及类型;模型参考神经自适应控制;神经自校正控制。

(3)专家控制(4 学时):专家系统的结构与原理;专家控制系统的特点;专家控制系统的结构、原理;实时过程控制专家系统举例;专家控制器的结构、原理及设计举例。

仿人智能控制原理;系统动态行为的特征识别;仿人智能积分控制;仿人智能采样控制;基于极值采样的仿人智能控制。

第 3 单元　递阶控制和学习控制(4 学时)

大系统控制的递阶结构;递阶控制的基本原理;协调的基本原则;递阶智能控制原理、结构;蒸汽锅炉的递阶模糊控制举例。迭代学习控制;重复学习控制;基于规则的自学习控制系统、产生式自学习控制系统;基于规则的自学习模糊控制举例。

第 4 单元　智能优化算法与最优智能控制(10 学时)

人工智能与计算智能；智能优化算法的种类及特点；智能优化算法的复杂适应系统理论基础；智能优化的快速算法举例；RBF 神经网络优化算法；粒子群优化算法；免疫克隆选择算法；正弦余弦算法。最优智能控制的原理、结构及设计举例。

第 5 单元　智能控制的工程应用举例(2 学时)

基于神经网络推理的加热炉温度模糊控制；仿人智能温度控制器在加热炉中的应用；深度强化学习在 AlphaGo Zero 中的应用。

5. 智能控制系统 MATLAB 仿真实验

配合智能控制课程的理论教学，设计有模糊控制系统 MATLAB 仿真实验和神经网络控制系统 MATLAB 仿真实验。要求研究生利用课外学时，独立完成上述两个仿真系统实验，并撰写实验报告。

6. 考核方式

考核方式：期末笔试(闭卷)成绩占 70%；上机仿真实验报告成绩占 20%；平时提问及出勤考核成绩占 10%。

7. 教材

李士勇,李研.智能控制[M].2 版.北京：清华大学出版社,2021.

8. 参考书

[1]　孙增圻,邓志东,张再兴.智能控制理论与技术[M].2 版.北京：清华大学出版社,2011.

[2]　蔡自兴.智能控制原理与应用[M].3 版.北京：清华大学出版社,2019.

5.3　智能控制研究生课程教学大纲(B)

1. 课程的基本信息

课程编号：……
课程名称：智能控制　　　　　　英文名称：Intelligent Control
开课院系：……　　　　　　　　任课教师：……
先修课程：计算机原理,自动控制原理
适用学科：电子信息类等硕士研究生　　课程类别：选修课
教学时数：32　　　　　　　　　开课形式：讲授

课程学分：2　　　　　　　　　　　实验时数：8（课外）

开课学期：……

2. 课程性质与地位

智能控制是自动控制与人工智能、计算智能等多学科交叉融合的前沿学科，被誉为继经典控制和现代控制之后的第三代控制理论。智能控制主要解决传统的经典控制和现代控制理论面临缺乏精确数学模型的复杂对象难以控制的问题，它与传统控制的最大区别是不需要建立被控对象的精确数学模型。智能控制研究利用计算机模拟人的智能控制决策行为和功能，对复杂非线性对象进行控制的理论、方法及技术。

智能控制是电子信息类及相关专业硕士研究生的一门重要的选修课，它在电子信息系统、电子信息工程、机电自动化等领域有着广泛的应用，对于推动电子信息及机电自动化等领域迈向智能化具有重要作用。

3. 课程目的及要求

电子信息类等专业硕士研究生开设智能控制选修课程目的在于，使研究生充分认识到电子信息系统及其相关的工程应用离不开控制，由于这些系统多半难以精确建模，所以传统的基于精确模型的控制理论受到了极大的限制。因此需要学习掌握对缺乏精确模型的复杂对象进行有效控制的智能控制理论与方法。

要求研究生了解自动控制的基本概念、反馈控制的原理、控制性能指标、基于对象精确模型控制存在的问题；了解模拟智能的基本途径，掌握模糊控制、神经网络控制、专家控制的基本原理及应用领域。

通过课程教学的理论学习，要求研究生不仅要掌握智能控制的基本概念、基本原理、基本方法，而且要求研究生通过智能控制系统仿真实践，培养理论联系实际，分析问题、解决问题的能力，为将来应用智能控制解决复杂的电子信息工程领域控制问题打下良好的基础。

4. 课程内容及学时分配

教学内容包括：绪论、模糊控制、神经网络控制、专家控制与仿人智能控制、智能优化算法、智能控制的工程应用概述。

第 1 章　绪论：从传统控制到智能控制（2 学时）

自动控制的概念、目的及要求，自动控制中快、稳、准的矛盾问题；控制论的创立；反馈及其在闭环控制中的作用；反馈控制的基本模式；控制理论发展的 3 个阶段；智能控制的概念、原理、功能；智能控制的三要素；智能控制系统的结构及主要类型。

第 2 章　模糊控制（10 学时）

模糊控制的创立、发展及分类；模糊数学基础：模糊集合、模糊关系、模糊矩阵、模糊向量、模糊逻辑推理及万能逼近特性；模糊控制的原理、系统组成；经典模糊控制器的设计方法；查表式模糊控制器的设计；解析式模糊规则自调整控制器；T-S 型模糊控制器的原理及设计；模糊 PID 复合控制；自适应模糊控制原理；模型参考自适应模糊控制。

第 3 章　神经网络控制（8 学时）

神经网络研究概述；神经细胞结构、功能及模型；神经网络结构、模型及特点；神经网络训练、学习及学习规则；控制中常用的神经网络：前馈神经网络、径向基神经网络、反馈神经网络、Boltzmann 机、深度神经网络、卷积神经网络；神经网络的逼近能力；神经网络控制的原理及类型；模型参考神经自适应控制。

第 4 章　专家控制与仿人智能控制（4 学时）

专家控制与仿人智能控制：专家系统的结构与原理；专家控制系统的特点；专家控制系统的结构、原理；实时过程控制专家系统举例；专家控制器的结构、原理及设计举例。仿人智能控制原理；系统动态行为的特征识别；仿人智能积分控制。

第 6 章　智能优化算法（6 学时）

人工智能与计算智能；智能优化算法的种类及特点；智能优化算法的理论基础；智能优化算法举例：遗传算法，粒子群优化算法；智能优化与智能控制的融合。

第 8 章　智能控制的工程应用举例（2 学时）

基于神经网络推理的加热炉温度模糊控制；仿人智能温度控制器在加热炉中的应用；

【注】　作为选修课的智能控制，教材中第 5 章和第 7 章内容不作为课内教学内容。

5. 智能控制系统 MATLAB 仿真实验

配合智能控制课程的理论教学，设计有模糊控制系统 MATLAB 仿真实验和神经网络控制系统 MATLAB 仿真实验。要求研究生利用课外学时，独立完成上述两个仿真系统实验，并撰写实验报告。

6. 考核方式

期末笔试成绩占 70%；上机仿真实验报告成绩占 20%；平时提问及出勤考核成绩占 10%。

7. 教材

李士勇，李研. 智能控制[M]. 2 版. 北京：清华大学出版社，2021.

8. 参考书

[1]　孙增圻，邓志东，张再兴. 智能控制理论与技术[M]. 2 版. 北京：清华大学出版社，2011.

[2]　蔡自兴. 智能控制原理与应用[M]. 3 版. 北京：清华大学出版社，2019.

5.4 本章小结

　　智能控制课程教学大纲在教学文件中占有首要地位,它是本课程教学总的指导性文件。尽管还没有一个统一的模板,但教学大纲一般应包括课程基本信息(课程编号、课程中英文名称、适用专业、先修课、课程类别、教学方式、总学时、学分等)、课程性质与地位、目的及要求、内容及学时分配、实验内容、考核方式、教材、参考书等。本章针对两种学时设计编制的智能控制课程教学大纲旨在为编制同类课程教学大纲起到示范作用。

第6章

智能控制教学重点难点设计指导

本章首先阐述智能控制教学重点难点的界定原则,并以模糊控制内容的知识链条形成过程为例,指出了模糊概念、模糊关系、模糊推理是模糊控制的教学重点,其中重点难点也包括概念、公式、图表、原理、应用,以及相应的重点例题。然后阐述了什么是难点内容,并指出了重点内容和难点内容之间的3种关系:既是重点又是难点;是重点但不是难点;是难点但不是重点。论述了强调和讲解重点内容的教学方法,理解和化解难点内容的方式、方法。最后,以一览表的形式分别列出了智能控制各部分的教学内容、教学重点、教学难点及学时分配。

6.1 智能控制教学重点难点的界定原则

智能控制同传统控制理论相比还属于新兴的学科,它与传统控制理论最重要的区别在于,传统的经典控制和现代控制理论都是基于被控对象精确数学模型的控制理论,它们着眼于对被控对象建立精确数学模型,因而有的控制领域专家称之为模型论;相反,智能控制是不基于被控对象精确模型的控制理论,它着眼于利用计算机模拟人对缺乏精确模型的复杂对象的智能控制决策行为,因而被称为控制论。

由于智能控制的思想与传统控制有很大的差异,因此在智能控制课程的学习中就会出现很多新的概念、新的原理、新的控制思想、新的控制规则、新的控制策略等,这些会使初学者感到不适应和困难,但学习的重点和难点恰恰就在其中。

6.1.1 什么是重点内容

重点内容就是重要的、主要的、起着主导作用的内容,如果重点内容掌握不好,就会影响全局,就会越学越糊涂。从矛盾论的观点看,主要矛盾就是重点,主要矛盾解决了,问题也就迎刃而解了。

在智能控制课程中，出现了许多新概念，如模糊集合、模糊控制、神经网络、神经控制、专家控制、仿人控制控制等，这些新的概念、新的控制原理等无疑都是学习要掌握的重点内容。

下面以模糊控制为例，看一看有关模糊控制内容的知识链条的形成过程：

模糊概念→模糊集合(论域→元素→隶属度)→模糊关系→模糊矩阵→模糊推理→模糊系统(模糊集合→模糊关系→模糊推理)→万能逼近→模糊控制(模糊化→模糊控制规则→模糊推理决策→清晰化)。

从上面的知识链条可以看出，模糊控制是从建立模糊集合来描述模糊概念开始的。所以从概念上讲，模糊概念就是模糊控制创立的源头，是最重要的概念。按照上面的链条顺序，前面的知识点要比后面的重要，因为前面的是后面的基础，是前因后果的关系。

从原理上看，模糊控制的工作原理是重点。从计算公式看，模糊推理合成运算是重点，因为它几乎包括了模糊集合、模糊矩阵、模糊向量的所有运算。从图的方面看，模糊控制的原理图、语言变量的隶属函数曲线、制定模糊控制规则所依据的阶跃响应曲线、Mamdani 的最小-最大-重心推理都是重点。从表的方面看，模糊变量的赋值表、模糊控制规则表、表示 T-S 模糊推理过程的表都是重点内容.

6.1.2　什么是难点内容

所谓难点，是指比较抽象、难以直观理解的概念，或者往往需要通过较多、较难、较为复杂的数学公式推导的烦琐过程才能得出的结论或定理等内容。例如，在模糊控制中，关于描述模糊集合的隶属函数概念及其确定问题，就是一个难点。隶属函数概念难以理解，不仅缺乏统一衡量其性能的标准，而且隶属函数曲线的形状还有许多种类。

模糊系统的万能逼近特性和神经网络的万能逼近特性都需要较为繁杂的数学公式推导来证明相应的定理。因此，这两个内容属于难点。值得指出的是，这两个万能逼近定理对于模糊系统和神经网络走向工程应用具有里程碑式的意义。

尽管上述隶属函数的概念和确定是个难点，但它并不是重点，因为通过模糊控制的广泛的工程应用实践，已经总结出几种常用的隶属函数形式。只要根据需要适当选择即可。另外，还可以通过智能优化算法来生成优化隶属函数等。

有关模糊系统和神经网络的万能逼近定理是两个难点内容，但对于只关心以模糊控制和神经控制的应用人员来说，它们也不是重点。但懂得它们的意义及应用范围却是非常必要的，因为，正是模糊系统和神经网络系统具有万能逼近的特性，所以它们既可以充当控制器、对象模型，又可以用于优化参数、模式识别、故障诊断等。

6.2　智能控制教学重点和难点的宏观设计

智能控制内容主要包括模糊控制、神经控制、专家控制、仿人智能控制、递阶智能控制、学习控制等形式。

递阶智能控制、学习控制、专家控制系统都属于比较早期提出的智能控制形式。模糊控制、神经控制、仿人智能控制是近些年发展比较快应用较广泛的智能控制形式。

作者将模糊控制、神经控制、专家控制作为智能控制教学的重点内容,而将递阶智能控制、学习控制等作为学习智能控制的一般性内容。由于仿人智能控制和专家控制联系比较密切,它们都属于基于规则的仿人仿专家控制系统。然而设计建造专家控制系统不仅需要投入大量的人力物力,而且设计调试周期长。相对简单得多的专家控制器和仿人智能控制器具有设计容易、调试方便、控制性能优良的特点,获得了比较广泛的应用。因此,将仿人智能控制作为重点教学内容。

综上所述,把模糊控制、神经控制、专家控制器和仿人智能控制器作为教学内容的重点是适宜的。

在教学时数上对重点内容给予较多的学时。在设计 48 学时的智能控制课程中,模糊控制、神经控制和专家控制教学占 30 学时,约占总学时的 62.5%。

智能优化算法和智能控制的融合是大势所趋,因此智能优化在智能控制教学内容中占有重要地位,也确定为重点内容,教学时数为 10 学时,约占总学时的 20.8%。

其余的内容占 8 学时,约占总学时的 16.7%。绪论课占 2 学时,递阶控制和学习控制教学占 4 学时,智能控制应用实例介绍占 2 学时。

考虑到研究生基本都有笔记本电脑,在本科学习阶段也具备了控制系统仿真的基础,因此,智能控制课程中的基于 MATLAB 的模糊控制系统仿真和基于 MATLAB 的神经控制系统仿真环节就安排课外学时,由研究生独立完成,并要按要求撰写智能控制系统仿真报告。

6.3 智能控制的教学内容、教学重点和教学难点

为了简单明了起见,将智能控制的教学内容、教学重点、教学难点和学时分配设计成一览表的形式给出,如表 6.1 所示。

表 6.1 智能控制的教学内容、教学重点、教学难点和学时分配一览表

序号	教学内容	教学重点	教学难点	学时
1	从传统控制到智能控制	反馈控制原理,传统控制的局限性,智能控制原理、结构、功能、类型,从智能模拟的 3 种途径到 3 种智能控制形式	反馈控制的哲学思想、智能控制的本质特征	2
2	模糊集合	模糊集合定义、表示、并、交、补运算,隶属函数,模糊语言变量	用模糊集合表示大、中、小 3 个模糊概念	2

续表

序号	教学内容	教学重点	教学难点	学时
3	模糊矩阵	模糊矩阵的并、交、补、合成运算规则及其性质,模糊向量及其运算	模糊矩阵与普通矩阵运算法则上的区别	2
4	模糊关系模糊推理	模糊关系合成,模糊逻辑推理句主要形式,模糊推理合成规则	分析例 2.8 中每一步骤的目的与方法	2
5	模糊控制	模糊控制的原理、系统结构、特点	分析例 2.9 中每一步骤的目的与方法	2
6	经典模糊控制器	结构设计、模糊控制规则设计、Mamdani 推理、量化因子、比例因子、查表式模糊控制器的设计	模糊控制与传统 PID 控制的相同点、本质区别	2
7	T-S 型模糊控制器模糊-PID 控制	解析式模糊控制的原理、T-S 模型、T-S 型模糊控制器的推理及设计	T-S 模型的模糊推理	2
8	自适应模糊控制	模型参考自适应控制原理	自适应机构中的反馈	2
*	模糊控制的实现	MATLAB 模糊控制系统仿真	搭建仿真系统、调试	课外
9	神经网络基础	神经细胞的结构、功能、人工神经元模型、神经网络的结构、训练、学习规则	神经网络学习的本质学习与训练的区别	2
10	常用神经网络之一	前馈网络、径向基网络、反馈网络	BP 网络反向学习算法的基本原理	2
11	常用神经网络之二	小脑模型网络、大脑模型网络、Boltzmann 机	联想学习、竞争学习、概率学习之间的异同	1
12	常用神经网络之三	深度信念网络、卷积神经网络、循环神经网络、递归神经网络	深度神经网络训练的原理	2
13	神经网络系统辨识	神经网络的逼近定理、基于 BP 网络的系统辨识	神经网络的逼近定理	1
14	神经网络控制	神经控制原理、类型、神经 PID 控制	自适应神经元 PID 控制	3
15	神经自适应控制	模型参考神经自适应控制、神经自校正控制	神经自适应机构	1
*	MATLAB 神经网络工具箱,Simulink 模块	MATLAB 神经控制系统仿真	搭建仿真系统、调试	课外
16	专家控制	专家系统结构、专家控制系统原理、专家控制器的结构及设计	专家控制的推理机制	2
17	仿人智能控制	仿人控制原理、特征变量及其本质特征、仿人智能积分控制、仿人智能采样控制、仿人极值采样智能控制	特征变量的本质、定性与定量综合	2
18	递阶智能控制	分层递阶控制原理、结构、蒸汽锅炉的分层递阶模糊控制	递阶控制的原理	2

续表

序号	教学内容	教 学 重 点	教学难点	学时
19	学习控制	迭代学习控制、重复学习控制、基于规则的自学习控制系统	学习控制的本质	2
20	智能优化算法	智能优化算法概述、遗传算法、复杂适应系统理论	智能优化原理及本质	2
21	智能优化快速算法	粒子群优化算法、免疫克隆算法、教学优化算法、正弦余弦算法	局部搜索与全局搜索之间平衡的辩证关系	2
22	最优智能控制	智能优化与智能控制的融合原理、融合结构、融合类型、基于粒子群算法的模糊控制器优化设计	智能控制决策和智能优化二者之间的协调	2
23	最优智能控制器的设计举例	基于 RBF 神经网络优化 PID 控制参数、基于免疫克隆算法的模糊神经控制器优化设计	智能优化过程的实时性问题	2
24	智能控制应用实例	神经模糊控制、神经控制、专家控制、学习控制、仿人智能控制的应用实例	针对不同对象特点如何选择智能控制形式	2

表 6.1 所列出的智能控制教学内容、教学重点、教学难点和学时分配是针对智能控制研究生课程教学大纲(A)设计的。其中序号中带有 * 的栏目属于课外学时(由学生自行安排计算机仿真)。

表 6.1 列出的总学时为 48 学时,对于 32 学时的情况,任课教师可参照智能控制研究生课程教学大纲(B),自行设计授课内容和教学时数。

6.4 本章小结

为了提高教学效果,必须把教学内容分成 3 个层次:重点内容、一般内容和次要内容。模糊控制、神经控制和专家控制是智能控制的重点内容。在讲课过程中,要突出重点,把重点内容要用较多时间讲深讲透。次要内容可以酌情一带而过。重点内容往往也是难点,但有的难点并不一定是重点,如模糊逻辑系统和神经网络系统都具有万能逼近的特性,其证明过程是个难点,但并不作为教学重点,重要的是掌握该特性的应用。

表 6.1 仅给出了智能控制的教学内容、教学重点和教学难点的一般性的提示,在第三篇中将对智能控制课程各部分具体内容的重点、难点内容进行设计指导。

第 **7** 章

教 学 手 段 与 教 学 方 法 设 计 指 导

本章首先阐述了课堂教学中常用的讲述、板书和 PPT 课件 3 种主要教学形式各自的特点,3 种形式最佳配合的设计以及应该注意的问题;然后设计了课堂教学应遵循的基本原则和多种课堂教学方法,并介绍了作者提出的有利于课堂教学的三段论教学法;最后通过两个课堂教学案例,说明教师不应该在课堂上占用大部分时间过分地讲解烦琐公式的推导、证明等细节问题,以至于背离了培养训练学生的思维能力的教学宗旨。

7.1 课堂教学手段设计指导

7.1.1 教学手段的主要形式及特点

教学手段(方式)是指教师向学生传授知识采用的手段,即采用的媒介、教具、教学环境等。目前的课堂教学方式主要采用讲述、板书、PPT 课件、智慧教室、教具及模型等。其中最主要的教学方式是讲述、板书和 PPT 课件 3 种形式。从对利用这 3 种形式的教学实践情况的观察来看,有以下 3 种组合形式。

(1) 讲述和板书配合。

(2) 讲述和 PPT 课件配合。

(3) 讲述、板书、PPT 课件 3 种形式相配合。

先来分析一下讲述、板书、PPT 课件 3 种形式各自特点。

讲述的特点是语言丰富,声音悦耳,表达准确,配合表情及肢体语言会使讲述过程生动,传递信息量大、效率高,缺点是语音在学生头脑中留存时间短,消化记忆较为困难。

板书的特点是在黑板上既可以写字,又可以画图,便于动态展现公式推导的过程,便于在黑板上保存以及反复观看和利用,有利于学生记笔记。板书同讲述比的缺点是书写速度较慢,记载的信息量有限。

　　PPT 课件同板书相比，屏幕上的字更大、图可以更复杂多样，再加上色彩，可以更美观，尤其是更能够直观地展现文字、公式、曲线、画面的动态过程，甚至通过页面切换把局部环节放大或进一步展现更多的细节问题，不仅传递的信息量较大，方便、快捷、效率高，而且还可以反复播放。

7.1.2　课堂教学手段的综合设计

　　上述 3 种教学方式各有特点。其中，采用第 1 种讲述和板书配合的传统的讲课方式，要想讲好课是很困难的。一些老教师和部分年轻教师仍喜欢利用这种方式讲课，尽管这种讲课方式很辛苦。然而，这种方式讲课最能体现出教师的理论基础、专业视野、知识储备、逻辑思维、语言表达、写字画图、教学方法等综合素质。

　　第 2 种是讲述和 PPT 课件配合的教学方式，不用板书或者一堂课在黑板上写不了几个字的情况都归于这种教学方式。这种教学方式往往会导致教师过度依赖 PPT 课件，甚至个别教师为了上课省事，把要讲课的内容都做成课件，在课堂上教师依靠课件来叙述内容。这样的讲课方式易造成老师被课件牵着鼻子走，黑板的作用没有发挥出来，这样的讲课效果不会太好。

　　第 3 种是讲述、板书、PPT 课件 3 种形式相配合，这是值得提倡的教学方式。教师在充分备课之后，课堂要讲授的内容、思路、讲法等都已存储在自己脑子里。因此，课堂上应该以教师授课思路作为驱动力，以讲述为主，而当需要板书配合时就在黑板上写或画，需要 PPT 时就放 PPT 课件。

　　课堂上之所以要以教师讲述为主，是因为语言是思维的载体，是人类交流思想，表达情感最自然、最深刻、最方便的工具。讲课过程所使用的语言反映了教师备课的思路和内容，具有知识的连贯性，易被学生所理解和接受。尤其是课程开始时，教师介绍问题的背景，提出问题，分析问题，总结解决问题的来龙去脉等最适合用语言讲述。

　　黑板怎么利用好？一般是把本节课章节题目，重要概念、公式、定理等整齐有序地列写在黑板上。切记不要把黑板当成草稿纸，随便乱写乱画。黑板利用得好的老师，一堂课的所讲的主要内容都概要地写在黑板上。这样一方面便于学生记笔记，也便于学生浏览对讲过的内容过电影。这样是对讲述过程及讲述内容不便回忆的最好补充。

　　PPT 课件怎么使用好？在讲述过程中，如果用板书写很复杂的公式和难画的图，既不易写好画好，又浪费时间，此时通过 PPT 课件展现公式、图或动画是最佳选择。PPT 课件的制作要考虑和课堂教学相配合，尽量要使 PPT 课件内容概要地表达讲课的主要内容。值得注意的是，教师讲课绝不能让 PPT 牵着鼻子走。因为那样就是叙述课程的主要内容，而各部分内容之间的来龙去脉、前因后果、其中的道理在 PPT 课件上几乎都表达不出来，而这些恰恰是要讲出来的。所以说 PPT 课件被称为课堂辅助教学课件，它不能代替教师讲唱主角。还要注意，板书和 PPT 课件尽量不要重复，那样会浪费教学资源。

制作 PPT 课件时,各章节内容一定要编号,文字表达要注意精练、准确,充分利用屏幕的有效面积,文字和符号大小及颜色的搭配要考虑教室后排的学生能够看得清楚、舒服。

总之,讲课是一门艺术,课堂上老师是主角,黑板和粉笔,PPT 课件都是道具,道具是配合主角使用的,它们是辅助性的,绝不能成为主角。

7.2　课堂教学的指导原则和教学方法

前面着重讨论了教学手段的设计问题,但教师讲好课仅凭综合利用这些教学手段还不够,还必须遵循人们认识事物的基本规律并使用科学的教学方法,才能把教学内容讲得不仅学生能听明白,而且能理解得更深刻。

7.2.1　课堂教学应遵循的基本原则

(1) 教师应当站在学生的角度讲课,要从学生的学科基础、知识结构、认知能力的实际出发,使得学生通过听课真正能够学到一些新知识。为此,课前教师必须对学生的情况做调查,做到心里有数,这样讲课才能有的放矢。

(2) 讲课要遵循循序渐进的原则,要使得讲授的知识像流水一样连续、流畅。从讲一个问题到另一个问题,要有引入,要有过渡,要有前后呼应。尤其是遇到学生早已学过的理论、数学公式等会被遗忘,或者没有机会具体应用的情况,教师应当提示、适当复习。

(3) 讲课的顺序一般应先提出问题,然后分析问题,再解决问题。这样教学的顺序安排符合人们认识的事物过程,也符合客观事物从产生、发展到结束的一般过程。

(4) 讲课要遵循从个别到一般,从感性到理性,从易到难的人的认知规律。因此,讲课一般先从一个较简单、学生们都熟悉的例子作引子谈起,然后逐步展开进入正题展开。

(5) 讲课必须遵循在"讲"字上狠下功夫的重要原则。所谓讲,就是要讲概念、理论的来龙去脉,要讲其中的道理;所谓讲,可以理解为不断地解释,不光是要回答是什么的问题,更重要的是要回答一个接一个的为什么的问题,这就是"研究型"的教学法。

7.2.2　值得推荐的多种课堂教学方法

(1) 讲课过程要善于运用由浅入深、深入浅出的教学方法。通俗地讲,就是研究分析问题要钻得进去,还要钻得出来。钻得进去就是由浅入深、由感性认识到理性认识的飞跃,钻得出来就是深入浅出、从理论到应用的过程。就像花样游泳那样,先潜入水中到一定深度,然后浮出水面做各种花样动作。

(2) 讲课要尽量把复杂问题讲得简单,即简明易懂,切忌把简单问题讲复杂了,这样有故弄玄虚的嫌疑。爱因斯坦曾指出,应当尽可能简单,而不是比较简单地做每件事。苏联武器专家帕金斯曾说:"一个复杂的事情变简单了,是一个复杂的过程;一个简单的事情变复杂了,是一个简单的过程。"

由此不难看出,教师把复杂的问题讲得简单易懂,这本身是个复杂的过程,需要教师在备课过程中对复杂问题深刻地剖析,看透复杂问题的本质,才能用简单的语言把问题讲得一清二楚。

(3)讲课内容遇到新概念时,务必把新概念讲清楚,概念是人们刻画客观事物本质属性的一种思维方式,概念和概念的联合构成了判断,判断和判断的联合构成了推理。因此,命题、理论都是源于概念的。讲概念要注意讲概念的内涵和外延两个方面。从集合论的角度看,概念内涵就是集合的定义,外延就是构成集合的元素。

(4)讲课要遵照由定性分析到定量表达的原则。定性分析就是从某些概念、原理出发,分析描述这些概念的物理量之间相互影响的变化趋势。定量表达就是把这些物理量之间的关系用数学公式表达出来,并指出公式中的各符号的物理意义、公式的应用范围等。

(5)讲课中不仅要运用逻辑思维方法,更要重视自觉运用类比、联想和想象的直觉思维方法。要想类比就要想象,维纳就是利用类比和联想的方法,考究反馈在各种不同系统的表现,为控制论的形成奠定了基础。想象对新知识的探索和科学发现具有极其重要的作用。

(6)讲课要把内容按照重要程度分成3个层次:一般了解的内容、需要理解的内容、必须掌握的内容。理解就是指对概念、定理、定律等重要内容懂得它的来龙去脉及其中的道理;掌握就是必须能够应用相关的概念、理论、公式等去分析问题,解决问题。

一般了解的内容往往是处于动态发展过程中,对它的讲述采用"素描"的手法,抓住问题的实质,其他部分一带而过就可以了。

(7)讲课内容要适当划分层次,分成几个段落,每一小段结束后进行必要的小结。既起到复习的作用,又起到承上启下的作用。

在一次大课结束前,要留2~3分钟把课堂内容总结一下。遵照华罗庚先生"读书从薄到厚,再由厚到薄"的教导,要把课堂上讲过的内容用三五句话总结、凝练一下。这是一个对授课内容去粗取精、从量变到质变的升华过程,可以给学生留下深刻的印象。

7.2.3 课堂教学应该注意的问题

(1)讲课切忌照本宣科,切忌照着PPT念,切忌抄黑板。讲课就是要讲清道理。

(2)一定要把讲课和作学术报告、科研工作总结严格地区别开来。听学术报告的人的学历、知识结构、学术水平程度不一。报告人讲的内容可多可少、范围可大可小、深度可深可浅。然而,听课的研究生们的基础、程度、知识结构、接受能力等差距并不是太大。因此,教师应该在规定的时间内,按教学计划把内容讲清楚、讲明白,讲到有深度。尤其需要注意,教师不能以介绍自己科研工作经验等内容取代系统的授课内容。

（3）讲课切忌仅教师自己讲,不与学生交流。课堂教学是由教师和学生构成的双向活动。因而教学方法不仅包括教师教的方法,也包括学生学的方法,同时包括师生互动中采用的方法。为了提高教学效果,需要通过适当提问获取反馈信息,这样既可以掌握教和学两方面的情况,也有利于督促学生认真听课。对提问学生的表现评价记分,也可作为平时成绩的一部分。

【案例】 在一次青年教师本科教学竞赛中,一位教师利用 PPT 讲课,还是用全英文做的 PPT,这位教师不停地看着屏幕,基本上是照着 PPT 在念英文。在讲了 30 多分钟后,主持人叫停了下来。一位在场的评委老师问道,你这样照着念,我不知道你懂还是不懂。问得青年教师也不知如何回答,场面一时很尴尬。

这位青年教师的讲课存在的问题是:照本宣科,像是作学术报告,缺乏对具体内容的深入讲解,缺乏与学生的交流。这些正是课堂教学应该引起注意的问题。

7.3 "三段论"与"三要素"教学法

作者在长期的课堂教学、教学督导、教师资格认证、教学研究等实践经验的基础上,提出了"三段论"教学法。它的基本思想是以"三要素"为线索,把要讲授课程的内容、知识点等尽量用三要素形式联系在一起,这种联系往往能够揭露出事物内在联系及本质特征。这种形式既有利于教,又有利于学,更便于理解与记忆。

7.3.1 三要素的普遍性

人们对客观事物大小和程度的度量,通常采用三个等级,如,大、中、小;老、中、青;上、中、下;左、中、右;校、院、系;等等。

在科学技术领域,有科学、技术、工程三个层次;在自然科学领域,有物质、能量、信息三个基本概念。

系统有三种类型:线性系统、非线性系统、复杂系统;系统有三要素:元素、元素间相互作用、整体功能;力有三要素:大小、方向、作用点。

思维有三种类型:抽象思维(逻辑思维)、形象思维(直觉思维)、灵感思维(顿悟思维);思维有三种形式:概念、判断、推理;形象思维有三种形式:类比、联想、想象。

控制理论分为经典控制、现代控制、智能控制三代控制理论;对控制系统的三项基本要求:快速性、稳定性、准确性。

智能模拟有三种途径:符号主义、联结主义、行为主义;智能控制有三种主要形式:模糊控制、神经控制、专家控制;智能控制有三要素:智能信息、智能反馈、智能控制(决策)。

模糊系统有三要素:模糊集合、模糊关系、模糊推理;模糊集合有三要素:论域、元素、隶属度;神经网络有三要素:神经元、神经网络、学习算法;等等。

7.3.2 三元结构的稳定性

众所周知,三点决定一个平面;三边、两边夹一角或两角夹一边的三个条件都可以决定一个三角形;在三维坐标系中,三个坐标值确定空间中的一个点。这些都可以看作三元结构稳定的几何形式。

三条腿的桌子是稳定的,三角形钢架的结构是稳定的。这些都可以看作三元结构稳定的物理形式。

在自然界中,许多事物之间都具有相似性,这种相似性往往表现在事物内部三元之间相互联系、相互作用,形成了事物的稳定结构。

从哲学角度看,辩证法的核心就是矛盾对立统一规律。对立的双方可视为事物的两个极端情况,可分别用 0、1 表示它们。根据对立统一规律,它们在一定条件下可以统一起来,如果用一个点来表示这个统一的条件,那么这个数就是 0.618。这样一来,0、0.618、1 就成了一个三元数。它就是具有普遍意义的单因素优选法,因此 0.618 法又被称为黄金分割法。

【注释】 优选法在数学上就是寻找函数极值的较快、较精确的计算方法。1953 年美国数学家 J.基弗提出单因素优选法,后来又提出抛物线法。至于双因素和多因素优选法,涉及问题较复杂,方法和思路也较多,常用的有降维法、瞎子爬山法、陡度法、混合法、随机试验法和试验设计法等。优选法的应用范围相当广泛,中国数学家华罗庚在生产企业中推广应用优选法取得了显著成效。

7.3.3 用"三段论""三要素法"指导教学

在课堂教学过程中,教师提出问题、分析问题、解决问题是搞好教学的三段论模式。在提出新问题时,往往需要介绍一下问题的背景,包括提出问题的时间、地点、人物三要素。在分析问题过程中,一要对解决问题先进行定性分析,二要对影响问题的因素进行定量描述,三要得出一个解决问题公式或定理等结果。

讲课一般包括内容、方法、意义三个方面,有的包括概念、理论、应用或科学、技术、工程三个层次的问题。教学手段包括讲述、板书、PPT 课件三种基本形式,等等。

总之,善于总结和运用"三段论""三要素法"不仅有利于启发教师讲课思路的连贯性,而且有利于学生对知识的理解和记忆,有利于提高教学效果。

7.4 课堂教学两个案例的启示

【案例一】 美国两院院士霍普克罗夫分享了一个在中国某高校亲身经历校园听课的故

事。一个年轻的教师给一个班 30 名学生上课,刚开始时,学生们非常认真津津有味听课,但 30 分钟之后,有一半学生开始开小差了。当时霍普克罗夫正坐在教室的后边,他发现老师在黑板上写了一个数学定理的公式,前 20 分钟都在讲这个公式是怎样推导出来的。课后他与这位老师沟通,讨论之后认为:如果能以一种更直观的方式来解释这个定理如何重要,又如何应用,或许能够把学生的积极性更好地调动起来。其实最重要的是,学生上完这个课 6 个月之后,还能有哪些记忆留存,而不是在课上讲多少推算细节。他强调,不是老师说了什么,而是学生记住了些什么。

【案例二】　作者在一次教学督导听课中,一位老师在讲车刀的设计,首先在黑板上画了一个车刀和切削工件的草图,然后指出车刀有 3 个面、2 个刃、1 个尖,接着就定义了一个又一个平面、一条又一条线、一个又一个角……听课的学生有点摸不着头脑,听得很乏味,有的学生开始玩手机,开小差了。

课后,我跟授课老师就这堂课内容的讲法交换了意见。我建议,这节课如果先讲车刀的作用、功能,然后让同学们想,为了使车刀起到这样的作用和完成它的功能,车刀的结构应该是什么样的形状,为了衡量车刀的性能需要考虑几个主要因素,为此需要定义一些什么样的面、线、角来反映这些影响因素,从而形成评价车刀的几个性能指标。采用这样形式讲授的过程更符合人的认知规律,有利于调动学生听课的积极性。这样形式的讲课,可谓是提出问题、分析问题、解决问题的研究型教学。老师主动地讲,学生主动地想,在师生互动过程中,从中训练了学生遇到问题,如何分析,如何解决问题的思维能力。

相比较而言,课堂上那位老师的授课方式可谓被动灌输式教学,学生在被动地听课,听其然,不知其所以然。

【点评】　从上面的两节授课例子可以看出,讲好一堂课,除了教师要有责任心及对要讲授的内容深刻理解之外,教师还必须对教学方式和教学方法进行精心设计,才能收到良好的教学效果。两个案例都犯了舍本逐末的毛病。案例一的老师只注意到公式推导的细节,忽视了对公式定性直观的分析解释,这样学生听起来就会感到乏味,听完之后,什么也记不住。然而对公式定性直观的分析解释恰恰是对提出公式人的原始创新思维的复现过程,这正是培养训练学生创新思维的所需要的。

案例二的授课犯了丢了西瓜捡芝麻的毛病,老师把精力放在定义那么多面、线、角上,学生被动地听着,枯燥乏味,也很难记住。因为教师没有讲为什么要定义那么多面、线、角,所以要把学生被动听课变为主动地听和想问题,教师必须把被动灌输式教学转变为主动式启发式教学,把要讲授的问题沿着发生、发展等来龙去脉的顺序来讲,让学生跟着老师一起分析问题,解决问题。

课堂教学是由教师和学生构成的双边活动。因而教学方法不仅包括教师教的方法,而且也包括学生学的方法,同时也包括师生互动中采用的方法。从教学过程来看,学生的学是以教师的教为先导,教师的教是围绕学生展开的,二者是相辅相成,相得益彰的。

7.5　本章小结

　　为了达到课堂教学训练学生思维、提高学生的思维能力的目的,教师不仅需要综合地运用好讲述、板书和PPT课件三种主要教学手段,而且还必须遵循课堂教学的一些基本原则和多种有益的课堂教学方法。概括起来,讲课教师是主角,学生是主体,教师要站在学生的角度讲课,要在"讲"字上狠下功夫,要从讲清每一个概念开始,要循序渐进,遵循人的认知规律,要运用从由个别到一般、由简单到复杂、由浅入深、深入浅出、由定性到定量、由感性到理性等多种教学方法把内容讲深讲透,从而通过课堂教学训练和提高学生的思维能力。

第 **8** 章

智能控制研究生课程考试试题设计

　　课程考试是教学工作的一个重要组成部分,它不仅是对学生学习效果的检验,同时在很大程度上也是教师教学质量的体现。因此,设计考试题要认真、要下功夫。本章首先论述了考试试题设计的指导思想和设计原则,然后就考试题覆盖面、题型设计、难易程度、题量多少、重复率等做了具体设计。最后设计了两套智能控制试题:一套作为自动化专业硕士研究生智能控制学位课考试试题;另一套作为电子信息类或相关专业硕士研究生智能控制选修课考查试题。

8.1　考试试题设计的指导思想和设计原则

　　考试是对教师教学质量和学生学习效果的双重检验。试题设计的水平在很大程度上反映出任课教师的责任心、课程的教学水平和能力。因此,教师设计试题务必认真下功夫,提高试题的含金量,以利于不断提高教学质量。

8.1.1　考试试题设计的指导思想

　　考试试题设计要有利于全面检查研究生对本课程重视程度,对基本概念、原理的理解掌握的程度,运用所学知识分析问题和解决问题的能力;有利于区分学生学习本课程优良中差的档次;有利于检验教师对本课程教学重点难点设计的准确性,为进一步改进教学质量提供经验。

8.1.2　考试试题设计的基本原则

　　考题设计应以课程教学大纲为纲,充分体现出本课程教学目的、内容和基本要求。

（1）试题覆盖教学内容的范围设计，应该覆盖课程教学内容的 $80\%\sim90\%$。

（2）试题的题型设计，包括多种形式：解释概念、判断题、简答题、计算题、论述题、综合应用题等。其中解释概念和判断题重点考查课程中的重要概念。简答题考查课程中的一些重要原理和难点问题。计算题考查课程中的模糊逻辑推理算法。论述题主要考查应用所学原理分析问题的能力。综合应用题考查学生运用所学原理解决问题的能力。

（3）试题难易程度的设计原则：70% 为基本概念、原理、基本计算等必须掌握的基本内容，这部分题目属于客观性试题，能在教材中可以直接找到答案，题目比较容易；30% 为较难的题目，即主观性试题，在教材中不能直接找到答案，需要学生主观上综合运用已学过的概念、原理，通过综合分析、论述才能给出答案的题目。

（4）试题题量的设计：按 90 分钟考试时间考虑，做完全部试题，好学生需要 $60\sim70$ 分钟；中等生需要 $70\sim80$ 分钟；学习较差的学生需要 $80\sim90$ 分钟。

（5）试题与往年试题的重复率，一般不能超过 30%。这里重复性题目不仅包括完全相同的题目，而且也包括改动不大的同类型题目。

8.2 智能控制研究生课程考试试题设计样题

××××年 ×× 学期 研究生课程考试试题

考试科目：智能控制

课程性质：学位课

所在院系：

班级学号：

学生姓名：

题目序号	一	二	三	四	五
满分 100 分	12	18	25	25	20
成绩/分					

一、（12 分）解释下列概念。

1. 语言变量　　　2. T-S 模型　　　3. 神经网络学习

4. 遗传算法　　　5. 计算智能　　　6. 最优智能控制

二、（18 分）问答题。

1. 为什么模糊控制要使用模糊逻辑推理？模糊逻辑推理有哪几个组成部分？为什么模糊控制还能对复杂非线性对象实行精确控制？

2. 比较模糊控制和传统 PID 控制的相同和不同之处。

3. 神经网络有什么主要特性？它用作控制器、优化参数、模式识别等都是基于神经网络的哪个重要特性？

4. 人脑发出指令通过上肢和手从桌子上拿起一支笔，试用三级递阶智能控制原理说明上述过程中人脑、上肢和手之间智能高低与精度之间的协调控制关系。

三、(25 分)人工调节某电热水器外加电压，使水温保持在某适宜温度的经验规则如下：

如果水温低，则外加电压高，否则不很高；

如果水温高，则外加电压低，否则不很低。

设论域 $U=\{1,2,3\}$, $A=[低]=\dfrac{1}{1}+\dfrac{0.5}{2}+\dfrac{0.1}{3}$, $\quad B=[高]=\dfrac{0.1}{1}+\dfrac{0.5}{2}+\dfrac{1}{3}$

试利用模糊推理方法求出：如果水温不很低，外加电压应如何调节？要求给出每一步骤的计算过程。

四、(25 分)将神经网络和传统 PID 控制相结合为一种神经自适应 PID 控制系统，如下图所示。回答下列问题：

1. 详细说明该控制系统的工作原理。

2. 该控制系统是线性控制、非线性控制，还是智能控制？为什么？

3. 该系统有几个反馈环节？各起什么作用？为什么称为神经自适应 PID 控制系统？

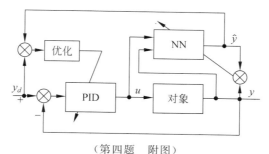

(第四题　附图)

五、(20 分)一种具有仿人智能积分的模糊控制规则形式如下：

$$U=\begin{cases}\langle \alpha E+(1-\alpha)C\rangle, & E\cdot C<0 \text{ 或 } E=0\\[2mm]\langle \alpha E+\beta C+(1-\alpha-\beta)\sum_{i=1}^{k}E\rangle, & E\cdot C>0,C=0,E\neq0\end{cases}$$

其中，U、E、C 均为经过量化的模糊变量，其相应的论域分别为控制量、误差、误差变化；α 为误差的加权因子；$(1-\alpha)$ 为误差变化的加权因子；$(1-\alpha-\beta)$ 为误差积分的加权因子；符号〈·〉表示按四舍五入取最接近于"·"的一个整数。

1. 说明 $E\cdot C<0$ 和 $E\cdot C>0$ 是属于定量变量？定性变量？特征变量？它们描述被控制过程的什么特性？在控制决策中起什么作用？

2. 画出二阶系统的阶跃响应曲线，在曲线上标出 $E\cdot C<0$ 和 $E\cdot C>0$ 所对应的范围。

3. 在阶跃响应曲线上画出智能积分所对应的范围,为什么这样的积分称为智能积分?

4. 在上述的模糊控制规则中,哪部分属于定量描述? 哪部分属于定性描述? 它们二者是怎样相互配合实现基于模糊逻辑的智能控制的?

8.3 智能控制研究生课程考查试题设计样题

××××年 ××学期 研究生课程考查试题

考试科目:智能控制

课程性质:选修课

所在院系:

班级学号:

学生姓名:

题目序号	一	二	三	四	五
满分100分	16	20	25	24	15
成绩/分					

一、(16 分)判断题

在下列判断题中,认为对的在( )中填 A;错的填 B;不确定的填 C。

1. 采用计算机控制的系统都是智能控制系统。( )

2. 具有精确模型的对象不能采用智能控制。( )

3. 智能控制本质上属于非线性控制。( )

4. 智能控制原理上是用智能控制器逼近对象的逆模型。( )

5. 隶属函数的形状不同影响模糊控制的精度。( )

6. 模糊逻辑推理可以达到精确推理达不到的效果。( )

7. 神经网络学习是指调节神经元间的联结强度。( )

8. 专家控制凭借专家的经验是不准确的。( )

二、(20 分)简答题

1. 说明模糊控制和传统 PID 控制在控制原理上有什么不同。

2. 比较神经网络系统和模糊逻辑系统二者有何相同与不同之处。

3. 说明遗传算法的三个基本操作及其作用。

三、(25 分)一条模糊控制规则用 IF-THEN 的形式表示如下:

IF E = PB or E = PM and EC = NB or EC = NM THEN u = ZE.

1. 将上述模糊控制规则的英文形式准确地译成中文形式,不能用字母和符号。
2. 写出这条语句的模糊关系的表达式。
3. 如果该采样时刻误差为 e 且误差变化 ec,写出对应此时刻控制量的表达式。
4. 画出这条模糊控制规则在阶跃响应曲线上所对应的大致区域。
5. 论述这条控制规则是根据什么原则制定的。

四、(24 分)画出由神经网络直接作控制器的反馈控制系统的原理图,其中在神经网络框内画出三层前馈神经网络的 2-3-2 结构图,回答下列问题:

1. 说明神经网络直接作控制器的反馈控制系统的工作原理。
2. 说明三层前馈神经网络的各层神经元数目如何确定,2-3-2 结构表示什么意思?
3. 前馈神经网络又称为前向网络,由于采用误差反向传播式学习,因此又被称为 BP 网络。既然前向网络输入信息由前向后传播,那么为什么采用误差反向传播式学习?

五、(15 分)在仿人智能控制中,使用误差和误差变化的组合形式 $e \cdot \dot{e}$ 及 $|\dot{e}/e|$,称它们是什么变量? 举例说明它们各有什么作用。它们属于定量变量,还是属于定性变量?

8.4 本章小结

本章设计了两套智能控制考试、考查题目,以考试题目为例总结一下题目的设计情况。考试题目涵盖课程内容知识面的 85%;题型包括概念题、问答题、计算题、画图题、综合题;基本题目占 75 分,较难题目占 25 分。考试的重点内容包括模糊逻辑推理、模糊控制、神经网络、神经自适应控制,仿人智能控制,这些内容和教学重点内容吻合。这套题目的设计符合所提出的考试试题设计的指导思想和设计原则。

第 9 章

基于 MATLAB 的智能控制系统仿真设计

学习智能控制除了理论学习外,还要通过计算机控制系统仿真实践活动,将理论与实际相结合,进一步认识、理解、掌握所学过的理论。模糊逻辑推理和神经网络学习是智能控制的重要理论基础,模糊系统和神经网络都具有的万能逼近特性为它们的工程应用提供了理论依据。因此,本章围绕着模糊控制和神经网络设计了基于 MATLAB 的模糊控制系统仿真和基于 MATLAB 的模型参考神经自适应控制系统仿真,旨在通过研究生独立运用MATLAB 工具箱对上述两个系统进行仿真实践,以加深对模糊控制、神经网络辨识、神经控制原理的理解,提高建立系统仿真模型的能力以及动态调试控制参数改进系统控制性能的能力,进而提高控制系统仿真过程中分析问题解决问题的能力。

9.1 基于 MATLAB 的模糊控制系统仿真设计

9.1.1 仿真目的

(1) 通过 MATLAB 模糊控制系统仿真实践,熟悉 MATLAB 模糊逻辑工具箱的 5 个图形化的系统设计工具。

① 模糊推理系统编辑器,用于建立模糊逻辑系统的整体框架,包括输入与输出数目、去模糊化方法等。

② 隶属度函数编辑器,用于通过可视化手段建立语言变量的隶属度函数。

③ 模糊推理规则编辑器,用于建立模糊规则。

④ 系统输入/输出特性曲面浏览器。

⑤ 模糊推理过程浏览器。

(2) 通过应用 MATLAB 模糊逻辑工具箱构建在线推理的模糊控制仿真系统,掌握模糊控制器的组成部分、工作原理,以及设计参数、进行仿真调试的过程。

（3）在同一被控对象参数及其在同样变化情况下，通过比较在线推理的模糊控制、带有自调整因子解析描述的模糊控制、传统 PID 控制 3 种控制形式的系统仿真结果，进一步认识模糊控制和传统 PID 控制性能上的差异。

9.1.2　仿真要求

要求研究生独立完成下述仿真工作。

（1）使用 MATLAB 模糊逻辑工具箱构建在线推理的模糊控制仿真系统、带有自调整因子解析描述的模糊控制和使用 Simulink 搭建 PID 控制仿真系统。

（2）被控对象选用化工、冶金、电站等产业中许多包括执行机构、变送单元在内的对象都可用二阶传递函数描述如下：

$$G(s) = \frac{k\,\mathrm{e}^{-\tau s}}{(T_1 s + 1)(T_2 s + 1)} \tag{9.1}$$

其中，$G(s)$ 为对象的开环传递函数；k 为增益系数；τ 为延迟时间；T_1、T_2 为两个时间常数。为了仿真方便，考虑延迟时间较短取 $\tau \approx 0$，并取 $k=1$ 的情况。于是二阶对象的可调参数只有 T_1、T_2 为两个时间常数。

（3）设定被控对象的初始参数 $T_1=8$，$T_2=4$ 的情况下，分别调整模糊控制器和 PID 控制器的控制参数，使它们都获得最佳的阶跃响应特性。记录两种控制器的最佳控制参数，并保存获得的最佳阶跃响应曲线，记录稳态误差、超调量及调整时间。

（4）在保持上述最佳控制参数不变的情况下，改变被控对象的两个参数，在同时将原参数增减 50% 的情况下，观察和保存在线推理的模糊控制、带有自调整因子解析描述的模糊控制和 PID 控制三种控制形式下的阶跃响应曲线，分别记录它们的稳态误差、超调量及调整时间。

（5）比较在线推理的模糊控制、带有自调整因子解析描述的模糊控制和 PID 控制对同一个被控对象的控制特性，比较在对象参数变化的情况下其控制性能有何不同，并对仿真结果进行分析和讨论。

9.1.3　仿真内容及步骤

1. 使用 MATLAB 模糊逻辑工具箱确定模糊控制器的输入输出语言变量及其论域

选定误差 E 和误差变化 EC 作为模糊控制器的输入，控制量 U 作为模糊控制器的输出。E、EC 和 U 的模糊集及其论域定义如下：

EC 和 U 的模糊语言变量集均为 {NB,NM,NS,ZE,PS,PM,PB}；

E 的模糊语言变量集为 {NB,NM,NS,NZ,PZ,PS,PM,PB}；

E 和 EC 论域为 {−6,−5,−4,−3,−2,−1,0,1,2,3,4,5,6}；

U 的论域为 $\{-7,-6,-5,-4,-3,-2,-1,0,1,2,3,4,5,6,7\}$。

2. 建立模糊控制规则

1）建立在线推理的模糊控制规则

建立模糊控制规则可以直接给出以误差 E 和误差变化 EC 作为输入，控制量 U 作为输出的 21 条模糊控制规则如下所示。

R_1：IF $E=$NB or NM and EC$=$NB or NM THEN $u=$PB

R_2：IF $E=$NB or NM and EC$=$NS or ZE THEN $u=$PB

R_3：IF $E=$NB or NM and EC$=$PS THEN $u=$PM

R_4：IF $E=$NB or NM and EC$=$PB or PM THEN $u=$ZE

R_5：IF $E=$NS and EC$=$NB or NM THEN $u=$PM

R_6：IF $E=$NS and EC$=$NS or ZE THEN $u=$PM

R_7：IF $E=$NS and EC$=$PS THEN $u=$ZE

R_8：IF $E=$NS and EC$=$PM or PB THEN $u=$NS

R_9：IF $E=$NZ or PZ and EC$=$NB or NM THEN $u=$PM

R_{10}：IF $E=$NZ or PZ and EC$=$NS THEN $u=$PS

R_{11}：IF $E=$NZ or PZ and EC$=$ZE THEN $u=$ ZE

R_{12}：IF $E=$PZ or NZ and EC$=$PS THEN $u=$NS

R_{13}：IF $E=$PZ or NZ and EC$=$PB or PM THEN $u=$NM

R_{14}：IF $E=$PS and EC$=$NB or NM THEN $u=$PS

R_{15}：IF $E=$PS and EC$=$NS THEN $u=$ZE

R_{16}：IF $E=$PS and EC$=$PS or ZE THEN $u=$NM

R_{17}：IF $E=$PS and EC$=$PB or PM THEN $u=$NM

R_{18}：IF $E=$PB or PM and EC$=$NB or NM THEN $u=$ZE

R_{19}：IF $E=$PB or PM and EC$=$NS THEN $u=$NM

R_{20}：IF $E=$PB or PM and EC$=$PS or ZE THEN $u=$NB

R_{21}：IF $E=$PB or PM and EC$=$PB or PM THEN $u=$NB

2）建立带有自调整因子解析描述的模糊控制规则

解析式模糊控制规则是将模糊控制查询表用一个解析式近似描述如下形式：

$$u=-\langle \alpha E+(1-\alpha)\text{EC}\rangle, \quad \alpha \in [0,1] \tag{9.2}$$

其中，E、EC 和 u 分别为误差、误差变化和控制量的模糊变量，它们的论域分别为 $\{E\}$、$\{EC\}$ 和 $\{U\}$，并要求它们必须具有相同的论域：

$$\{E\}=\{EC\}=\{U\}=\{-N,\cdots,-2,-1,0,1,2,\cdots,N\}$$

α 为对误差的加权因子；$(1-\alpha)$ 为对误差变化的加权因子；符号 $\langle a \rangle$ 表示四舍五入取最接近 a 的整数。

一个被控动态过程的误差和误差变化是随时间变化的,为了使不同采样时间的系统误差和误差变化整体上对控制作用的贡献最大,就需要对误差和误差变化的加权因子实时进行调整,为此设计带有自调整因子解析描述的模糊控制规则具有以下形式:

$$\begin{cases} u = -\langle \alpha E + (1-\alpha)EC \rangle \\ \alpha = \dfrac{1}{N}(\alpha_s - \alpha_0) \cdot \mid E \mid + \alpha_0 \end{cases} \tag{9.3}$$

其中,N 为模糊变量在论域内的量化等级;α_s 和 α_0 分别为对误差加权因子 α 的上下限,$\alpha \in [\alpha_s, \alpha_0]$,且满足 $0 \leqslant \alpha_0 < \alpha < \alpha_s \leqslant 1$。

3. 构建模糊控制器

模糊控制器可以用 MATLAB 模糊逻辑工具箱提供的图形用户界面来实现,构建过程的具体步骤如下。

(1) 打开 MATLAB 的 FIS 编辑器(双击 Fuzzy Logic 工具箱下的 FIS Editor Viewer),界面如图 9.1 所示。其中,包括输入/输出变量的个数及各自的名称、模糊算子“与”“或”、推理方法、聚类方法,解模糊方法。首先通过 Edit→Add Variable 添加变量。

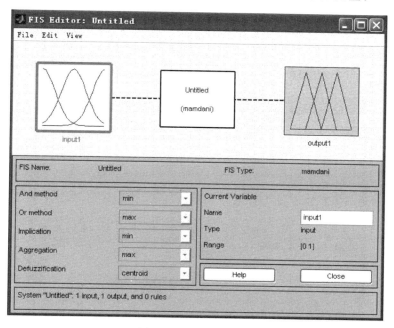

图 9.1　模糊推理系统

(2) 打开隶属函数编辑器,如图 9.2 所示。选定变量的论域和显示范围,选择隶属函数的形状和参数,定义每个变量的模糊集的名称和个数。

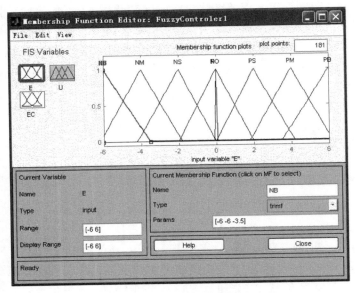

图 9.2　隶属函数编辑器

（3）打开模糊规则编辑器，编辑模糊规则，如图 9.3 所示。首先，选择联结关系（and 或者 or）和权重，在编辑器左边选择一个输入变量，并选择它的语言值。然后，在编辑器右边的输出变量中选择一个输出变量，并选中它的语言值，再将这种联系添加到模糊规则中。

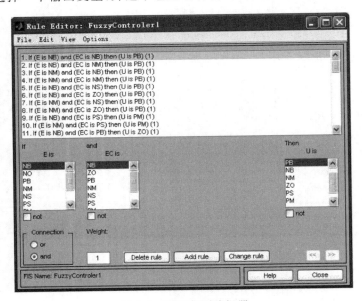

图 9.3　模糊规则编辑器

（4）可以通过模糊规则观察器（见图9.4）和输出曲面观察器（见图9.5），查看模糊推理情况。其中，通过模糊规则观察器可以观察模糊推理图，查看模糊推理系统的行为是否与预期的一样；可以观察到输入变量（默认色是黄色）和输出变量（默认色是蓝色）如何应用在模糊规则中；解模糊化的数值是多少。输出曲面观察器中详细地显示了在某一个时刻的计算结果。通过输出曲面观察器可以看到模糊推理系统的全部输出曲面。

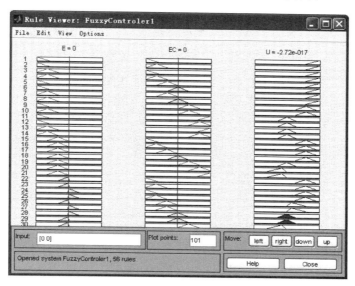

图9.4 模糊规则观察器

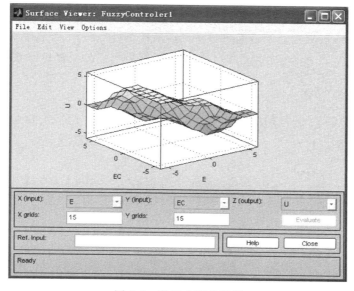

图9.5 输出曲面观察器

（5）重新回到 FIS 编辑器界面，选择模糊算子、推理方法、解模糊方法等。

（6）将建立的 FIS 保存到磁盘，文件扩展名为.fis。

4. 建立模糊控制系统仿真模型

1）建立在线推理的模糊控制系统仿真模型

在 MATLAB 的 Simulink 仿真环境下建立的模糊控制系统框图如图 9.6 所示。其中包括信号发生器、比较器、放大器（Gain）、零阶保持器（Zero-Order Hold，ZOH）、多路混合器（Mux）、模糊逻辑控制器（FIC）（在 Simulink Library Browser→Fuzzy Logic Toolbox 下添加）、控制对象、示波器（Scope）。*

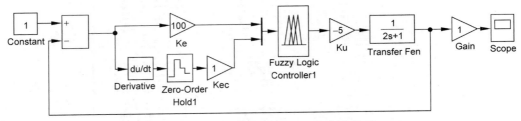

图 9.6　在线推理的模糊控制系统仿真模型

进行模糊控制仿真时，首先要将 FIS 发送到 MATLAB 工作空间（workspace）中，通过 FIS 窗口中的 File→Export→To Workspace 实现，用户建立一个工作空间变量名（例如 fuzzycontrol），这个变量将 FIS 系统作为 MATLAB 的一个结构进行工作。仿真时，打开 Fuzzy Logic Controller，输入 FIS 变量名，就可以进行仿真了。

2）建立带有自调整因子解析描述的模糊控制系统仿真模型

根据式（9.3）所示带有自调整因子解析描述的模糊控制规则，在 MATLAB 的 Simulink 仿真环境下，建立类似于图 9.6 的带有自调整因子解析描述的模糊控制系统框图。

5. 建立数字 PID 控制系统仿真模型

为了对模糊控制和数字 PID 控制的性能作比较，需要使用 Simulink 建立 PID 控制系统仿真模型，如图 9.7 所示，其中图 9.8 为图 9.7 中的 PID 子系统框图。

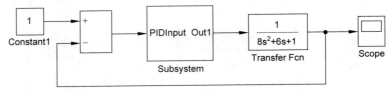

图 9.7　PID 控制系统仿真框图

---

* 图 9.6 和图 9.7 中对象的传递函数按式（9.1）设定。

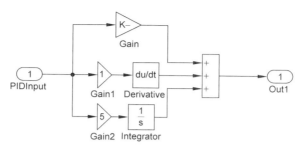

图 9.8　PID 控制子系统框图

6. 模糊控制和 PID 控制系统仿真

采用在线推理的模糊控制系统仿真模型和带有自调整因子解析描述的模糊控制系统仿真模型,在下述给定的相同条件下分别对 3 种形式的控制系统进行仿真。

(1) 给定一组二阶对象的初始参数 T_1、T_2 不变,分别调整模糊控制系统的控制参数误差量化因子 K_e、误差变化量化因子 K_{ec} 及输出比例因子 K_u 值的大小,以及 PID 控制系统的控制参数 k_p、k_i 和 k_d 的大小,分别观察 3 种仿真系统的输出曲线,直到各自获得满意的系统输出曲线为止。分别记录 3 种情况下的最优的控制参数以及各自的控制性能指标(超调、响应时间、稳态误差)。

(2) 将上述调整好的模糊控制器参数及 PID 控制参数固定不变,改变被控对象的两个参数 T_1、T_2,在参数同时增减 50%、100% 两种情况下,观察 3 种仿真控制系统的对单位阶跃信号的响应曲线,并分别记录 3 种情况下的最优的控制参数以及各自的控制性能指标(超调、响应时间、稳态误差)。

9.1.4　仿真报告内容及要求

在完成上述控制系统仿真后,撰写基于 MATLAB 的模糊控制系统仿真报告。

(1) 仿真报告封面,名称、院(系)、姓名、学号、时间,用 A4 纸排版。

(2) 报告内容包括仿真目的、要求、仿真条件、仿真环境、仿真内容及步骤、仿真数据(对象参数、控制参数、响应曲线、超调、响应时间、稳态误差)。

(3) 通过仿真,重点总结模糊控制和传统 PID 控制之间在控制性能上的差异,比较在线推理的模糊控制与带有自调整因子解析描述的模糊控制二者之间相同与不同之处。

(4) 对仿真结果的分析和讨论,并通过仿真结果论述是否达到实验的预期目的。

9.2　基于 MATLAB 的模型参考神经自适应控制系统仿真设计

9.2.1　仿真目的

（1）通过 MATLAB 的模型参考神经自适应控制系统仿真实践,掌握模型参考神经自适应控制系统的结构及工作原理。

（2）了解模型参考神经自适应控制系统中的两个神经网络的作用：一个神经网络用于辨识对象模型；另一个神经网络作为控制器的控制对象。

（3）熟悉使用 MATLAB 神经网络工具箱,并掌握模型参考神经自适应控制单自由度机械臂的具体实现过程。

9.2.2　仿真要求

要求研究生独立完成下述仿真工作。

（1）使用 MATLAB 神经网络工具箱构建神经网络控制器和神经网络对象模型。

（2）建立被控对象机械臂模型和模型参考神经网络控制器模型。

（3）用神经网络系统辨识被控对象机械臂的模型。

（4）进行机械臂模型参考神经自适应控制系统的 MATLAB 仿真。

9.2.3　仿真内容及步骤

1. 模型参考神经自适应控制系统的结构及工作原理

神经网络模型参考神经自适应控制系统如图 9.9 所示,它包括参考模型、神经网络（NN）对象模型、神经网络（NN）控制器和被控对象。首先辨识出对象模型,然后训练控制器,使系统输出能够跟随参考模型输出。

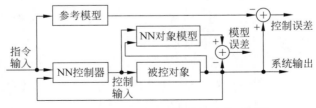

图 9.9　神经网络模型参考自适应控制系统

2. 构建神经网络控制器和神经网络对象模型

图 9.9 中 NN 控制器和 NN 对象模型可以从神经网络工具箱中获得。神经网络控制器和神经网络对象模型的详细组成情况如图 9.10 所示。

神经网络控制器和神经网络对象模型中使用的神经网络均选用三层前馈神经网络，隐层神经元数目自行定义。神经网络控制器包括 3 个输入信号：延迟参考输入、延迟控制器输出和延迟系统输出。

神经网络对象模型的输入包括两种信号：延迟控制器输出和延迟系统输出。输入信号的延迟大小与系统阶次有关系，通常系统阶次越高表示系统的储能元件多，延迟就会越大。

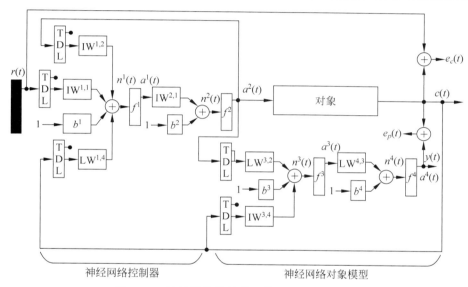

图 9.10 神经网络控制器和神经网络对象模型

3. 建立单自由度机械臂控制问题的数学模型

一个单自由度机械臂如图 9.11 所示，它的运动方程为

$$\frac{\mathrm{d}^2\phi}{\mathrm{d}t^2} = -10\sin\phi - 2\frac{\mathrm{d}\phi}{\mathrm{d}t} + u \qquad (9.4)$$

其中，ϕ 为机械臂与垂直参考线之间的夹角；u 为直流电机的输入转矩。

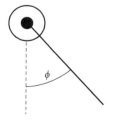

图 9.11 单自由度机械臂

控制单自由度机械臂的目的是训练神经网络控制器，使得单自由度机械臂能跟踪给定的参考模型为

$$\frac{\mathrm{d}^2 y_r}{\mathrm{d}t^2} = -9y_r - 6\frac{\mathrm{d}y_r}{\mathrm{d}t} + 9r \tag{9.5}$$

其中,y_r 为参考模型的输出;r 为参考输入信号。

4. 建立机械臂仿真模型和模型参考神经网络控制器的仿真模型

应用 MATLAB 神经网络工具箱演示建立神经网络控制器模型(采用前馈网络 5-13-1 结构:5 个输入端,隐层为 13 个神经元,输出为 1 个神经元)。控制器的输入包括 2 个延迟参考输入、2 个延迟系统输出和 1 个延迟控制器输出。采样间隔为 0.5s。

在 MATLAB 命令行窗口中输入 mrefrobotarm,就会自动调用 Simulink,并且会产生一个模型窗口,如图 9.12 所示。

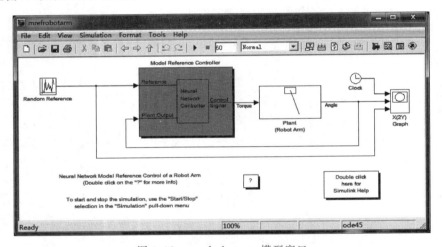

图 9.12   mrefrobotarm 模型窗口

在图 9.12 中的机械臂模块[Plant(Robot Arm)]是用机械臂运动方程编制的 Simulink 模块。双击该模块,可以看到如图 9.13 所示的详细结构。模型参考神经网络控制器模块也在如图 9.12 所示的 mrefrobotarm 模型窗口中,该模块是在神经网络工具箱中生成并复制过来的。用户可以通过 Look under mask 模型的右键快捷菜单命令查看该模块未封装的具体实现。

5. 神经网络系统模型辨识

双击 Model Reference Control 模块,将会弹出一个如图 9.14 所示的新窗口,该窗口用于训练 NARMA-L2 模型。在如图 9.14 所示的窗口中,单击 Plant Identification 按钮,将会弹出一个系统辨识窗口。

单击 Generate Training Data 按钮,程序开始产生控制器所需要的数据。在数据产生结束后,将会出现数据窗口,如图 9.15 所示。

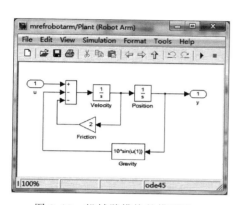

图 9.13 机械臂模块的模型窗口

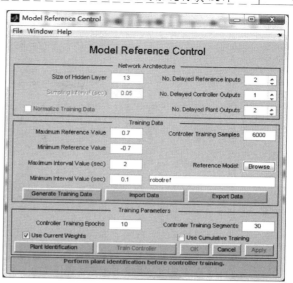

图 9.14 模型控制参数设置窗口

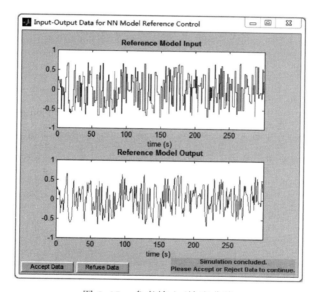

图 9.15 参考输入/输出曲线

单击 Accept Data 按钮,返回 Model Reference Control 窗口。单击 Train Controller 按钮,开始训练。程序将一段数据输入网络并进行指定次数的迭代,直到所有的训练数据都输入了网络,训练过程才结束。

因为神经网络控制器必须使用动态反向传播算法进行训练,因此控制器训练时间要比系统模型训练时间长得多。控制器训练结束后,会显示出如图 9.16 所示的系统闭环响应曲线。

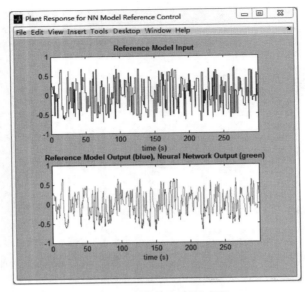

图 9.16　系统闭环响应曲线

图 9.16 中上半部分曲线是用于训练的随机参考信号,下半部分的两条曲线分别是参考模型的响应信号和闭环系统的响应信号。如果系统的响应信号跟踪参考模型的信号不准确,表明控制器的性能还不够好,为提高其控制性能,需要返回 Model Reference Control 窗口,可以再次单击 Train Controller 按钮,这样会继续使用同样的数据进行训练。

如果需要使用新的数据对控制器继续进行训练,可在单击 Train Controller 按钮之前单击 Generate Training Data 按钮,或者在确认 Use Current Weights 被选中的情况下单击 Input Data 按钮。应该指出,如果系统模型不够准确,也会影响控制器的训练效果。

6. 机械臂模型参考神经自适应控制系统的 MATLAB 仿真

在前面已完成机械臂模型和模型参考控制器 Simulink 模型的建立,以及神经网络系统模型辨识的基础上,可以进行机械臂模型参考神经自适应控制系统的 MATLAB 仿真。

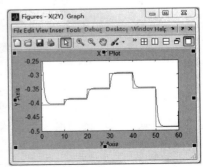

在系统辨识窗口中单击 OK 按钮,将训练好的神经网络控制器权重导入 Simulink 模型中。返回到 mrefrobotarm 模型窗口,从 Simulink 菜单中选择 Start 命令开始仿真。当系统仿真结束时,将会显示控制系统的输出信号和参考信号,如图 9.17 所示。其

图 9.17　控制系统 MATLAB 仿真结果

中,方波形曲线为参考模型信号,而另一曲线为控制系统输出响应信号。

9.2.4　仿真报告内容及要求

在完成上述控制系统仿真后,撰写基于 MATLAB 的模糊控制系统仿真报告。

(1) 仿真报告封面,仿真名称、院(系)、姓名、学号、时间,用 A4 纸排版。

(2) 报告内容包括:仿真目的、要求、仿真条件、仿真环境、仿真内容及步骤、仿真曲线(包括参考输入/输出曲线、系统闭环响应曲线、控制系统参考输入方波信号及系统输出响应曲线)。

(3) 对本次仿真所涉及的前馈神经网络的内容,包括前馈网络的结构、BP 学习算法、前馈网络用于辨识对象模型的方法、神经网络作为控制器的原理、参考模型的作用要进行总结。

(4) 对模型参考神经自适应控制系统的结构分析和讨论,如系统中的两个神经网络为什么采用相同结构的前馈网络,采用不同的结构或不同的网络是否可行,只用一个神经网络是否可行等,并通过仿真结果论述是否达到仿真的预期目的。

9.3　本章小结

模糊逻辑控制和神经网络控制是智能控制中最重要的两种形式;自适应控制是控制的高级形式。为了理论联系实际,本章设计了两个智能控制系统仿真用作指导研究生上机实践:一是基于 MATLAB 的模糊控制系统仿真,包括对在线推理的模糊控制、带有自调整因子的解析式模糊控制和传统 PID 控制的系统仿真及其它们之间控制性能比较;二是基于MATLAB 的模型参考神经自适应控制系统仿真,包括最重要的前馈神经网络及其在模型参考自适应控制系统的具体应用,用作神经网络系统辨识、神经网络控制器。

研究生通过独立完成上述两个智能控制系统仿真的实践,不仅可以提高控制系统仿真的能力,而且能够加深对模糊控制、神经控制、传统 PID 控制、系统辨识、自适应控制理论的理解。

第10章

课堂教学质量评价指标设计

　　课堂教学质量的评价工作应该是教学管理部门的业务范围,但相关人员一般少有长期第一线课堂教学的经历。因此,制定出的教学质量的评价指标,尽管不断改进,但仍存在一些值得深入研究的地方。本章作者在长期从事一线教学工作、教学督导工作及教学研究成果的基础上,提出教学质量评价指标的设计原则,并设计了教师素质评价、教学内容评价、教学方法评价、教学手段评价、教学效果评价五项指标,同时分别对每项指标设计了权重,旨在对科学设计教学评价指标起到指导作用。

10.1　课堂教学质量评价指标的设计原则

　　教学评价是依据教学目标对教学过程及教学效果进行定性的价值判断和定量的分值评定。影响教师课堂教学质量的因素很多,需要把这些因素中的主要因素转化成指标,并决定每项指标在影响教学质量上所起作用的大小,即决定每项指标所占的权重。

　　各个高校的课堂教学质量评价指标并没有一个统一的标准。基于长期从事教学、教学督导和教学研究的实践经验,作者认为,课堂教学质量评价指标设计应该遵循如下原则:

　　(1) 有利于对教师课堂教学质量(水平、效果、优点、缺点、问题)作出正确评价。

　　(2) 有利于教学督导人员在课堂上对各项指标评定的可操作性。

　　(3) 有利于把课堂教学质量分成优秀、良好、中等、较差的档次。

　　(4) 有利于引导教师提高课堂教学质量的具体目标。

　　(5) 评价结果有助于行政部门对教师聘用和晋升的考察和鉴别。

10.2　课堂教学质量评价指标的设计

　　无论教师采用什么手段和方法,课堂教学的质量最终要体现在教师是否按照教学大纲把该讲的内容都讲明白了,学生是否听懂了,是否把绝大多数学生都吸引住了。因此,评价指标重要的是对教学内容的评价。决定教学内容讲得好与坏还与教师备课的努力程度、自身的专业基础、知识储备和责任心等有很大关系。因此,就把教师素质评价置于评价指标的首位,而教学内容作为第二项评价指标。

教学不仅要有好的教学内容,还要通过好的教学方法和先进的教学手段把这些内容展现出来教给学生。因此,将教学方法、教学手段设计为第三项和第四项评价指标。

教学效果的好坏,从学生们的课堂听课状态可以反映出来。讲课效果好,必定能够引起学生的兴趣,对学生有吸引力,绝大部分学生都在聚精会神地听课。所以,教学效果作为第五项的评价指标。

根据上述评价指标的设计原则,对每一项指标包含的具体内容设计如下。

(1)教师素质指标:专业基础好,备课认真,态度自然,落落大方,声音洪亮,有激情。

(2)教学内容指标:授课内容结构合理,逻辑性强,层次分明,讲述过程概念清楚,突出重点,注意化解难点,授课内容知识量饱满。

(3)教学方法指标:采用启发诱导式教学,教学过程由浅入深、从个别到一般符合人们的认知规律,利用提问和学生互动,注意培养学生的思维能力,在讲课过程中能够传授学习方法,注意对学生进行思政教育。

(4)教学手段指标:综合利用讲述、板书、PPT课件,使三者协调配合得当,以讲为主,语言表达清晰、精练、准确,板书整齐有序,PPT制作质量好。

(5)教学效果指标:讲课过程能引起学生的学习兴趣,课堂对学生有吸引力,使学生不敢开小差,生怕听不到会受损失。

10.3　课堂教学质量的综合评价设计

根据上述设计的五项评价指标进行综合评价教学质量,还需要考虑每一项指标在总指标中所占的百分比问题,即加权问题。

教师素质指标在很大程度上是由本人的自然条件决定的,这项指标占的权重不宜太大,设计为10%,按满分100分计,教师素质指标分值为1~10分。

教学内容指标是评价教学质量的最重要的指标,因为上课就是教师要把教给学生的内容讲清楚、讲明白。一般会出现这样两种情况:一是尽管教师自身条件很好,也使用了各种教学手段,但是下的功夫不够,授课内容组织得不好,重点不突出,学生听起来没兴趣,致使教学效果不是很好;二是任课教师尽管自身条件不是很好,但是本人责任心强,刻苦努力,下功夫备课,课程内容组织得好,讲得清楚、学生听得明白。因此,教学内容指标要占很大比重,设计权重为50%,占1~50分。

采用好的教学方法会在既定的教学内容前提下,使教学内容让学生更容易接受,听得更明白,甚至会收到事半功倍的效果。教学方法指标比教学手段指标更为重要,因为它是直接作用于教学内容的。可以把方法比作工具,它起到对教学内容的"精加工"和"放大"的作用,它对教学效果起到的作用更大。因此,教学方法指标的权重设计为20%,指标分值占1~20分。

教学手段指标在很大程度上是反映教师综合运用教学媒体的能力,它是使教学内容能更好地通过声音、文字、图像等媒介以动态、静态及交互的方式展现给学生,使学生通过听觉、视觉感受到信息,经过大脑的知觉、直觉直到思维、记忆。教学手段运用得好,会对教学内容起到锦上添花的作用。它是辅助教学内容的,因此,设计教学手段指标的权重为10%,指标分值占1~10分。

上述的四个指标和教学效果指标之间是因果关系,在上述四个指标上若表现都很好的话,教学效果必然会很好。设计教学效果指标的权重为10%,指标分值占1~10分。

将上述设计的课堂教学质量评价指标汇总如下:

(1) 教师素质评价指标(权重10%,满分10分)。

(2) 教学内容评价指标(权重50%,满分50分)。

(3) 教学方法评价指标(权重20%,满分20分)。

(4) 教学手段评价指标(权重10%,满分10分)。

(5) 教学效果评价指标(权重10%,满分10分)。

10.4 教学评价与艺术评价

如果说教学是一种艺术,那么对教师一次课堂教学评价就如同对一个艺术作品的评价。我们不妨举个熟悉的例子——在冬季举行的一次冰雕作品大赛上,一个获奖作品是怎样诞生的。创作者的个人素质能力对获奖作品起着很大作用(冰雕师素质等同于教师素质)。他所设计的冰雕作品内容的思想性、独创性、新颖性、鲜活性、精美性、表现力、感染力等对获奖起着关键作用(冰雕作品设计等同于教学内容设计)。设计了富有创意的冰雕作品后,就要考虑设计雕刻这个作品的工艺过程(如同教学方法设计),接着就要考虑用什么样的雕刻工具(如同教学手段设计)。当这个获奖的冰雕作品展现在世人面前时,极大地吸引着参观者们驻足,他们仔细地看着,琢磨着,思考着,久久不愿离去,这样好的艺术作品供人欣赏所达到如此的效果,就如同一位教学名师的一堂精彩纷呈的教学示范课一样。

一个教师为了搞好教学,就要像艺术家那样对艺术精益求精,最好要亲自编写精品教材,不断地研究改进教学方法,善于使用先进的教学工具,勇于在课堂教学的实践中不断提高教学质量,才能获得学生的肯定和好评。难怪人们称讲课是一门艺术。

10.5　本章小结

　　教学质量评价指标可以简单概括为素质、内容、方法、手段、效果。其中"素质"取决于教师自身条件及主观努力;"内容,方法,手段"三要素是评价的核心部分,"效果"是核心部分评价的结果。因此,教学质量评价必须突出教学内容、教学方法和教学手段的中心地位。除了教学督导对课堂教学质量进行评价外,学生反馈的评价意见也具有很大的参考价值。

第三篇

智能控制教学重点难点设计指导

　　本篇以作者编著《智能控制(第2版)》(清华大学出版社,2021.10)为蓝本(以下称原教材),对智能控制教材中每一章内容的教学重点难点进行设计指导,其中包括重要的基本概念、原理、计算、例题的详细分析、部分重点疑难启迪思考题的解答等。旨在帮助任课教师在认真研读教材的基础上,参考本篇的设计指导内容,大范围、全方位地提高智能控制课程的教学质量。

　　应该说,原教材对绝大部分内容的阐述是比较清楚的,但限于教材篇幅,难免对重点难点内容深入讲解不足,本篇的内容正是为了弥补这方面的不足。既然是针对教学重点难点设计指导,就不能面面俱到。为节省篇幅,对教材中相对容易理解的内容、运算性质、计算公式等就不再重复了。考虑到各部分内容之间的有机联系,把有些教材中前后的内容串在一起,这样有些章节的名称、编号、图号等就难免与原教材保持一致。为了查阅方便,本书中用原教材中图的图号都另加标注,多数公式省去编号。

　　虽然本书是以作者编著的《智能控制(第2版)》为蓝本,但对于采用智能控制同类教材的教学重点难点设计指导具有普适价值。

第 **11** 章

从传统控制到智能控制教学
重点难点设计指导

本章作为绪论课,一般认为讲多讲少讲深讲浅无所谓,这种思想要不得。因此,本章题目特意选用从传统控制到智能控制,包括经典控制、现代控制和智能控制三部分内容,旨在论述从传统控制向智能控制发展的必然趋势及其智能控制的本质特征。作者多年来从多方面感到学过自动控制课程的本科生,往往对控制、自动控制的基本概念的理解还缺乏应有的高度、深度和广度。而这些恰恰是深入学习、研究、掌握智能控制内容的重要基础。为弥补这方面的不足,本章从自动控制的定义讲起,用一个链条一直引到智能控制。

11.1 从自动控制的定义讲起

自动控制是指在无人参与的情况下,利用控制器使被控对象按期望的规律自动运行或保持状态不变。为了讲好智能控制课程,教师必须对自动控制基本思想的来龙去脉搞清楚。为此,我们通过一些简单例子来分析一下有关自动控制、开环控制、反馈控制、闭环控制的基本概念。

教师一定不要轻视身边的一些简单的例子,因为简单的例子蕴含的道理往往更深刻、更生动。

【例 11.1】 教师手拿粉笔在黑板上自由地写字。

这个例子实质上是一个人工负反馈闭环控制系统。人的大脑是控制器,臂和手组成执行机构,粉笔是被控对象,眼睛不断注视正在黑板上写着字迹的信息反馈给大脑,构成了负反馈控制。因而,教师可以快速轻而易举地写出他期望要写的字。假如教师闭上眼睛写字,写的字迹信息无法反馈给大脑,这个系统就是开环控制。

【例 11.2】 教师拿粉笔的手背上绑一个重沙袋在黑板上写字。

在这种情况下，教师还能像没有沙袋那样快速自如地写好字吗？显然不可能，不仅写不快，而且字也不会写得那么好看。这是因为粉笔很轻，手只拿粉笔写字，人对写字过程的控制很容易，能够按期望的速度和习惯的字体写好字。绑上重沙袋的手再拿粉笔写字时，被控对象不仅是粉笔还包括重沙袋。被控对象的质量越大它的惯性也就越大，带着沙袋的手写字时，沙袋的惯性作用始终对写字起着阻碍作用。因此，在这种情况下，难以把字写得又快又好。

【例 11.3】　一人手提着系着铁块的绳子，当手在竖直方向上下匀速、匀加速运动时，分析一下铁块的运动状态和手的运动状态。

当手提着铁块垂直方向上下匀速运动，绳子始终处于绷紧状态，铁块的运动跟手的运动状态是同步的。当手提着系着铁块的绳子向上匀加速运动，突然再减速，由于铁块惯性的缘故就会出现铁块的运动跟手的运动状态不同步的现象。

【例 11.4】　如果将例 11.3 中的绳子换成一根长弹簧，用手提着弹簧带着铁块一起上下变速运动时，分析一下铁块的运动状态和手的运动状态。

用手提着弹簧带着铁块一起上下变速运动时，由于铁块的惯性和弹簧储能特性的共同作用就会使得铁块的上下运动跟手的运动状态严重地不同步。这种情况，用手提着弹簧的一端已经很难控制铁块按期望的规律运动了。

【例 11.5】　分析一下红外感应自动门的控制系统。

系统工作原理简介：人体都有恒定的体温，一般在 36℃ 左右，会发出特定波长 $10\mu m$ 左右的红外线，通过菲涅尔滤光片增强后聚集到红外感应源上。红外感应源通常采用热释电元件，这种元件在接收到人体红外辐射温度发生变化时就会失去电荷平衡，向外释放电荷，后续电路经检测处理后就能触发开关动作。当有人进入开关感应范围时，专用传感器探测到人体红外光谱的变化，开关自动接通使门自动打开，人不离开感应范围，开关将持续接通；人离开后或在感应区域内无动作，开关延时门自动关闭。

【问题】　在上述红外感应自动门的控制系统中，指出被控对象、控制器、传感器、执行机构各是什么，该系统是属于开环控制，还是属于闭环控制？

【分析】　该系统的组成包括有人、红外感应器、门、门控执行机构。系统运行过程是：人进入红外感应范围，触发开关闭合，门控执行机构使门打开，人离开红外感应范围，触发开关断开，门控执行机构使门延时闭合。

被控对象是门，人进入红外感应范围是作为系统的输入信号，红外感应装置及触发开关作为控制器，门控执行机构执行门开闭任务，它充当执行机构的作用。该系统属于开关控制系统。在门开与关的一个控制周期内属于闭环控制，因为人在通过自动门的过程中，人体自始至终向红外感应源发出红外信号，该信号可视为门控系统的内反馈信号。

上述系统的组成并不复杂，但要从自动控制系统的组成、开环还是闭环控制的基本概念来分析，问题并不简单。

通过上面的几个例子不难看出，随着被控对象质量的加大，尤其是对象包括储能元件、具有非线性、滞后特性等不利于控制的特性时,单靠人来直接控制这样的对象按期望的规律运行是不可能的。这就提出了要自动控制的问题。

为了实现自动控制,首先要选择能够驱动被控对象的执行机构,然后要设计具有适当控制规律的控制器来给执行机构提供控制信号,最后再选择合适的传感器把对象的实际输出反馈给输入端的比较环节。这样,控制器、执行机构、被控对象、传感器就组成了一个反馈控制系统。

11.2　自动控制系统的输入信号

自动控制的定义中要求被控对象按期望的规律运行,期望的规律就是控制器的输入信号(给定信号,参考输入)。典型的输入信号是如何确定的呢?

自然界的客观事物中有些物理量在一定条件、一定时间内是一个常值,有些物理量是缓慢变化的,还有一些物理量是周期变化的。从上述 3 种物理量的变化情况可以抽象出阶跃信号、斜坡信号和正弦信号作为 3 类典型输入信号。

1. 阶跃信号

阶跃信号是一个常值信号,用于使被控对象的输出保持某常值或某种状态不变。

在控制领域中,过程控制问题占有绝大部分,约占 80%。过程控制大部分是期望一个或几个物理量保持为某一个常值,这就要求输入为阶跃信号。

在经典控制理论中,线性系统的时域分析占有重要地位。为什么通过二阶系统的阶跃响应来定义时域性能指标? 因为绝大部分过程控制对象的模型都可以近似为二阶系统,而单位阶跃信号可以分解成无穷多个频率周期信号的叠加。通过二阶系统输入单位阶跃信号对该系统的控制性能考验是很苛刻的。

2. 斜坡信号

斜坡信号是一个速度信号,用于使被控对象的输出跟踪给定的缓慢变化信号。在实际工程应用中,如雷达天线跟踪目标、伺服系统、运动控制系统、电梯控制系统等都有斜坡信号在控制过程中起作用。在工程实际中,许多缓慢变化的信号都被视为斜坡信号。

3. 正弦信号

正弦信号是一个典型的周期信号,它具有振幅和频率两个重要参数。利用系统对正弦输入信号的稳态响应来分析系统的特性,称为线性系统的频域分析法。在工业、电力、航天、机电工程诸多领域,大量设备使用电机驱动。电机大多使用交流电,因此研究频率特性有明确的物理意义。此外,机械振动、系统的强迫振动及自激振荡都与频率特性有关,因此研究频率特性也具有工程应用价值。

【注】　除了上述 3 种典型输入信号外,自然界及工程上还存在冲击信号,可以抽象为脉冲信号。两个阶跃信号合成可以得到一个脉动信号,脉动信号的极限是一个脉冲信号。脉冲信号又常称为脉冲函数,单位脉冲函数称为 δ 函数。通过研究控制系统对脉冲函数的响应特性,便可以分析在任意形式作用下的响应特性。

11.3　对自动控制的基本要求

对自动控制的基本要求是在控制器的作用下使被控对象快速、稳定、准确地按照期望的规律自动运行。因此,对自动控制的基本要求可以概括为"快、稳、准"3 个字。为了深刻理解对快、稳、准要求的含义及它们之间的关系,举下面的例子。

在一个生产线上一个机器臂用手抓住一个柱形金属销,往不远处的结构件的孔中安装,要求既快,又稳,又准。快的要求体现了安装效率,准的要求指安装的精度,稳的要求是指机械手抓住的金属销在往孔的位置移动过程中,尽可能在孔的周围少晃动甚至不晃动。一旦晃动次数多就会拖长安装时间。不难看出,对自动控制快、稳、准的要求是为了提高生产效率和提高产品质量所决定的。

【注】　有的自动控制教材上把对自动控制系统的基本要求概括为稳定性、快速性和准确性,即稳、快、准的要求。虽然和本书快、稳、准的提法同样是 3 个基本要求,但排列顺序是不一样的。本书提出对控制系统快、稳、准的基本要求,理论上是依据对二阶系统的阶跃响应特性的要求,工程上是根据被控对象对自动控制系统的实际要求提出的。因为一个设计好的自动控制系统的实际运行包括启动的暂态阶段和稳态运行两个阶段。启动阶段在某种约束条件下,应快速启动且尽量减少超调或无超调地到达稳态运行阶段,当系统误差超出允许误差时,不断地依靠反馈控制使系统误差保持在允许的误差范围内。这样的控制过程实际上是从快到稳、再到准的过程。设想一下,如果发射一个地空导弹去攻击空中目标,导弹的飞行必然要遵循快、稳、准原则,不快接近不了目标,飞行轨迹若不稳就难以快速接近目标,不准就击不中目标。因此,快、稳、准是对自动控制系统的基本要求。

11.4　反馈是自动控制的精髓

在前面举过的例子中,假如教师闭上眼睛在黑板上写字,写的字迹信息无法反馈给大脑,这种情况字既写不快,又写不准,写不好。当睁开眼睛后,字就能按教师期望的字体写得又快又好。显然,反馈是实现自动控制的必要条件。

维纳在开创性的著作《控制论》中曾指出,目的性行为可用反馈来代替。深刻理解维纳的上述思想对于正确认识自动控制的基本思想以及反馈的本质极其重要。

下面来分析和理解维纳"目的性行为可用反馈来代替"这句话极其深刻的内涵。所谓"目的性行为",就是要做什么,要达到什么目的,或者说要完成什么具体任务;"可用反馈来代替"就是指出怎么做的具体途径、方法。

例如,在控制器的作用下使被控对象按期望的规律自动运行,就是自动控制的"目的性行为"。然而由于被控对象存在惯性、非线性、参数时变、不确定性等不利于控制的因素,因而在控制器的作用下被控对象总是企图偏离期望的规律。

怎么办? 目的性行为可用反馈来代替。

什么是反馈? 就是把控制器没有达到(或已达到)目的性行为的结果"告诉"给控制器本身。

怎么"告诉"? 通过传感器测量被控对象的实际输出信号,并把它转变为和控制系统的输入信号相同的物理量反馈到输入端。

怎么实现反馈? 在单位反馈的情况下,将系统反馈的实际输出信号 y 和期望的输出的给定信号 r 进行比较,即 $e=y-r$ 称为误差。

怎么实现反馈控制?

如果对象实际输出 y 小于(大于)给定输入 r,误差 $e=y-r$ 为负值(正值),表明控制器需要增大(减小)控制量,从而使被控对象的实际输出 y 逼近期望的输出——给定输入。这种反馈是负反馈,这样的控制系统称为负反馈控制系统。

显然,没有反馈的开环控制难以实现快、稳、准的自动控制,所以说,反馈是实现自动控制的必要条件。可以说,没有反馈就没有自动控制,反馈是自动控制的精髓。

11.5　如何实现自动控制的快、稳、准

既然反馈是实现自动控制的必要条件,那么如何通过反馈实现自动控制的快稳准? 我们再从一个例子讲起。

【例 11.6】　用手托住一个钢球,从某一高度 h_0 开始沿竖直向上运动到高度 h_1 停止,要求钢球运动过程中始终不能离开手心,而且到达高度 h_1 的时间最短。

上面的例子实际上是要求用手托着(注意不是抓着)钢球快、稳、准地到达指定高度。为了使球上升得快,手必须用较大的托力使球向上加速运动,如果手始终保持向上托球加速度的力不变,球到达高度 h_1 时手突然停住,此时钢球借惯性还会向上运动一定高度,然后回落到手心。这种情况虽然球到达指定高度是快了,但球在指定高度上不仅没有停住,还离开了手心(未满足要求),就更谈不上又稳又准地到达指定高度。

1. 快、稳、准指标之间的矛盾问题

由上面的例子可以看出,由于被控对象有惯性等不利于控制的特性,致使难以实现控制被控对象按期望的规律快稳准地运行。因为快、稳、准 3 项指标之间存在着矛盾问题,要快

就难稳,又难准。为此,必须利用反馈得到的误差信号作为自变量设计一个合理的函数——控制律来解决这一问题。

2. 比例、积分、微分反馈控制模式

经典的 PID 控制包括了比例、积分、微分反馈控制的 3 种基本模式。

比例控制作用正比于系统误差,主要通过消除系统大的误差来满足控制对快的要求;积分控制作用正比于误差的积分,主要通过消除稳态误差来满足控制性能对准的要求;微分控制作用正比于误差的微分,主要通过减小甚至消除超调来满足控制对稳的要求。

上述 3 种反馈控制模式一般不能单独使用,常用 PI、PD 和 PID 控制等形式。应该指出,对于线性时不变系统,传统的 PID 控制获得了广泛的应用。在应用中,对于控制系统快、稳、准要求所涉及的性能指标参数往往采用折中的方式选取。然而,以 PID 控制为代表的传统的线性控制不仅需要被控对象的精确数学模型,而且设定好的控制参数是固定不变的。当被控对象参数时变、具有不确定性及非线性时,传统的线性 PID 控制就难以得到满意的控制效果。

总之,经典线性控制理论难以解决自动控制系统快、稳、准之间的矛盾问题。

11.6　现代控制理论

20 世纪 60 年代,现代控制理论的诞生有三大驱动力:一是生产过程多变量控制及航天飞行的复杂非线性控制等迫切需要;二是数学上提出的极大值原理、动态规划、卡尔曼滤波理论奠定了理论基础;三是计算机技术的发展为复杂非线性系统控制提供了实现工具。

现代控制理论是以状态空间为基础,用状态变量描述被控系统的状态,通过建立状态方程和测量方程两个联立方程间的递推运算,实现对多变量线性时变系统、非线性系统等问题的求解。其中状态方程是被控对象的理论模型,测量方程是实际得到的状态,两个方程的联立实际上构成了闭环状态反馈控制。

现代控制理论同样需要建立被控对象的精确模型,当难以建立被控对象精确数学模型时,现代控制理论往往采用系统辨识的方法建立对象模型,但基于精确数学的系统辨识方法对于具有不确定性、非线性的复杂对象,不仅辨识过程复杂、耗时长,而且难以保证辨识系统的收敛性。这就使得现代控制理论的应用同样面临复杂系统控制的挑战。

11.7　智能控制理论

20 世纪 70 年代,智能控制理论的诞生有三大驱动力:一是被控对象越来越复杂使得基

于被控对象精确模型的经典控制和现代控制传统控制理论难以应用；二是创立的模糊集合论、人工神经网络、专家系统理论等奠定了智能控制的理论基础；三是微机技术、模糊芯片和神经芯片及其开发工具等为智能控制提供了实现工具。

21 世纪以来，由于人工智能技术的迅猛发展，伴随着信息化、网络化、数字化、智能化的大趋势，必将推动智能控制的理论及应用的发展迈向更新的阶段！

11.7.1　智能控制的原理

经典控制和现代控制理论都是基于被控对象精确模型的控制，其研究重点是建立被控对象的精确数学模型。在建立模型的基础上，采用传统控制理论进行计算机闭环控制的过程，相当于对数学问题通过迭代求数值解的过程。显然，当对象模型不精确或者模型具有不确定性时，就难以进行精确控制。

由于复杂的被控对象精确模型难以建立，因此智能控制把研究的重点转向控制器，力图模拟人的智能，设计智能控制器去逼近被控对象的逆模型，这样就可以对缺乏精确模型的复杂对象实现控制。

11.7.2　智能模拟的三种形式

1. 符号主义

模拟人脑左半球模糊推理功能，让计算机以接近人的模糊逻辑思维方式处理问题。

2. 联结主义

模拟人脑右半球神经网络联结机制，采用不同的网络结构，通过对网络中神经元采用不同的联结形式（单向联结、相互联结、全联结、反馈联结、自身反馈等）使神经网络具有模拟人的智能器官的视觉、听觉、语言等的识别、处理功能。

3. 行为主义

模拟人的感知-行动的决策推理功能。行为主义认为人的智能源于人与环境交互过程的适应行为。

11.7.3　智能控制的三要素

从表 11.1 给出的控制系统中的信息、反馈和控制决策的形式不同，可以看出智能控制与传统控制的主要区别。

表 11.1　智能控制与传统控制中信息、反馈、控制三要素对比表

类　　别	信 息 形 式	反 馈 形 式	控 制 决 策	控 制 原 理
传统控制	定量信息	负反馈	单一固定模式	基于被控对象精确数学模型设计控制器的结构及控制参数
智能控制	定量信息,定性信息,规则,经验,图像,颜色等多种对控制有用的信息	根据被控动态过程特性的需要加负反馈,正反馈,开环(保持模式),线性反馈,非线性反馈,增强反馈,减弱反馈等形式	根据被控动态过程特性需要,采用多模变结构控制形式,可以在线自适应调整控制器的结构和控制参数	智能控制器通过对象的输入输出数据逼近对象的逆模型,实现对被控对象闭环控制

应该指出,由微机或微处理器等构成的控制系统不一定都是智能控制系统。只有在该控制系统中,不仅有定量信息,还有定性信息,包括使用规则、经验、知识、启发逻辑、推理决策等中的某些环节,才能称得上是智能控制系统。因为智能控制系统是基于知识的系统,又称为知识基系统。

11.8　本章小结

从自动控制定义的三要素到智能控制三要素,再到智能控制三种主要类型,形成了一条知识链条,具体如下:

自动控制定义(控制器→被控对象→期望运行规律)→给定信号(阶跃信号、斜坡信号、正弦信号)→控制系统(调节系统、跟踪系统、控制系统)→基本要求(快速性、稳定性、准确性)→反馈控制(比例控制、积分控制、微分控制)→经典控制、现代控制、智能控制→智能三要素(智能信息、智能反馈、智能控制)→智能模拟(符号主义、联结主义、行为主义)→智能控制的类型(模糊控制、神经控制、专家控制)→(递阶控制、学习控制、仿人控制……)

从自动控制定义中的三要素(三个关键词:控制器、被控对象、期望运行规律)出发,经历了经典控制、现代控制,发展到智能控制。从中可以领悟到控制器、被控对象、期望运行规律三要素是怎样演进的。

启迪思考题解答

11.1　在自动控制原理中为什么将阶跃信号作为自动控制系统的典型输入信号？(原教材启迪思考题 1.1)

参考答案：在自动控制原理教材中，一般把典型的输入信号可归纳为三类：一是阶跃信号，二是斜坡信号，三是周期信号（包括正弦信号、脉冲信号等）。把阶跃信号置于首位，可见它的重要性。其原因可以从两个方面来解释：一是过程控制问题在控制领域占有约 80% 的比例。过程控制系统中往往要求某个物理量保持一个常值不变，这种情况要求控制系统的输入信号为一个常值，因此可以采用单位阶跃信号作为输入信号；二是为了检验一种控制器的性能，通常给系统加入一个单位阶跃信号，通过系统输出的阶跃响应评价其控制性能。因为一个阶跃信号可以分解成无穷多个谐波信号，所以通过阶跃响应对控制系统性能的考验是非常苛刻的。因此在自控原理教材中，线性控制系统时域响应的性能指标是通过二阶系统的单位阶跃响应来定义的。

11.2 什么是反馈？维纳在创立控制论的初期认为"目的性行为可以用反馈来代替"，如何深刻理解维纳这一伟大思想？（原教材启迪思考题 1.3）

参考答案：一个开环控制系统的输出由于各种原因（对象参数变化、干扰等）总是企图背离期望的输出，如何解决这个问题？维纳通过对火炮自动瞄准飞机与狩猎行为做类比，提出了反馈的新概念。

反馈是指将一个开环控制系统的输出信号回馈给系统的输入信号，比较系统实际输出与期望输出（系统的输入信号）的偏差，控制器利用这个偏差值产生控制作用，以减小或消除这个差值。这就是负反馈控制的原理。

维纳在创立控制论的初期提出"目的性行为可以用反馈来代替"，这一思想蕴含着把控制系统输入和输出之间的矛盾通过双方的对立统一来解决的哲学思想。反馈正是矛盾对立双方实现统一的转化条件，所以说，没有反馈就没有自动控制。进而把控制器本身作为被控对象，把控制系统的控制效果反馈给控制器来提高它的控制性能，为控制器赋予了学习能力，这就是自适应控制的基本思想。因此，自适应控制系统中有两种反馈：一个反馈用于实现对被控对象的控制功能；另一个反馈用于对控制器自身进行控制使其具有学习能力。

用维纳提出的"目的性行为可以用反馈来代替"的伟大思想来衡量目前已有的控制理论，严格地讲，都没有真正达到完全自动控制的水平。

因为所谓自动控制中的"自动"是指自动控制系统运行时没有人参与。另一层意义是自动控制系统中的某些控制参数不应该由人主观确定，而应该依靠控制系统"自身"行为来决定，只有这种确定控制参数的目的性行为实现用反馈来代替，才能实现真正意义上的自动控制。所以说，自动控制中的"自"字实际上有两种含义：一是"自动"控制的目的性行为用反馈来代替，实现了反馈控制功能；二是控制系统"自身"的行为用反馈来代替，可以实现自动控制系统控制参数的"自动"调整。

第12章

模糊控制教学重点难点设计指导

本章主要包括模糊数学、模糊控制原理、模糊控制器设计三部分内容,其重点是模糊控制原理,难点是模糊数学,尤其是如何定义一个模糊集合来表示一个模糊概念。此外,模糊系统的万能逼近定理也是一个难点,它并不是重点,但要求了解它万能逼近的基本思想及其应用的重要意义。在模糊控制原理中,难点一是模糊控制器的输入变量是精确量为什么还要把它模糊量化变为模糊语言变量;难点二是模糊控制器采用模糊语言变量,为什么它还能进行精确控制。在模糊控制器设计中,重点掌握经典模糊控制器设计方法,难点是最小-最大-中心推理法。对于 T-S 型模糊控制器应重点掌握其推理过程。

12.1 模糊控制的创立

20 世纪 60 年代,传统的线性控制理论面临航天器控制和工业过程控制中的多变量、不确定性、非线性问题的严重挑战。在这样的大背景下,为解决日益复杂系统的控制问题逐渐形成有两种途径:一种是继续寻求对复杂被控对象建立精确数学模型,再基于精确模型设计控制系统对被控对象进行精确控制,后来逐渐形成了现代控制理论;另一种是另辟蹊径,寻求利用计算机模拟人类解决控制问题的方法,走控制理论与人工智能相结合的道路,逐渐形成了智能控制理论,其中包括模糊控制理论。

模糊控制创立于 20 世纪 70 年代,美国加利福尼亚大学的教授扎德(Zahde)在 1965 年创立了模糊集合论(又称模糊数学),为模糊控制奠定了模糊逻辑推理基础。英国马丹尼(Mamdani)博士 1974 年研制成功世界第一个模糊控制器具有里程碑的意义,标志着模糊控制的创立。

12.2　模糊数学基础

12.2.1　基于二值逻辑的经典集合

人类认识客观事物的属性是从对事物的观察、比较、分类开始的。康托尔（G. Cantor）创立的经典集合论将具有某种属性、确定的、彼此之间可以区别的全体事物称为集合。集合就是按照属性对事物进行某种分类。

对于经典集合，要重点掌握它的论域、元素、子集、特征函数的概念，以及集合的并、交、补 3 种基本运算。

经典集合内的元素，要么属于该集合，取值为 1；要么不属于该集合，取值为 0，二者必居其一。因此，经典集合特征函数的值域为{0,1}，它和二值逻辑相对应。

12.2.2　模糊集合和模糊概念

1. 模糊集合论创立的初衷

扎德创立模糊集合论的初衷是要打破经典集合的禁区，要能定量描述介于具有某种属性与不具有某种属性之间的事物所具有某种属性的程度，也就是定量描述模糊概念。

模糊概念是指没有明确外延的概念，如大、小、高、低等。教学过程中要让学生多举一些模糊概念的例子，在以往的教学过程中曾发现有的学生举出的例子并不属于模糊概念。

2. 模糊集合的定义

定义 12.1　设从给定论域 U 到闭区间$[0,1]$的任意映射 $\mu_{\underset{\sim}{A}}(u)$：$U \rightarrow [0,1]$，或 $u \rightarrow \mu_{\underset{\sim}{A}}(u)$都确定一个模糊集合 $\underset{\sim}{A}$，$\mu_{\underset{\sim}{A}}$ 称为模糊集合 $\underset{\sim}{A}$ 的隶属函数，$\mu_{\underset{\sim}{A}}(u)$称为论域 U 内元素 u 隶属于模糊集合 $\underset{\sim}{A}$ 的隶属度，简记为 $\underset{\sim}{A}(u)$。有时为了方便模糊集合 $\underset{\sim}{A}$ 也用 A 来表示。

上述模糊集合的定义中有三要素：论域，元素，隶属度。每个要素的意义及三者之间的关系概括如下：

（1）论域是指所研究问题中模糊概念有意义的范围，如误差的取值范围。

（2）元素是指对论域细划分的程度，是对论域的分级，如把论域分为 7 级。

（3）隶属度是指论域内的元素隶属于模糊概念的程度。

隶属函数是将在论域内表示所有元素隶属度的点连成的折线或曲线，又称隶属函数曲线。定义了一个模糊集合，实际上就确定了一条隶属函数曲线。因此，隶属函数曲线完全表征一个模糊集合，二者可等同，不加区分。

3. 模糊集合的表示

模糊集合的表示方法有 3 种:扎德表示法、向量表示法、序偶表示法。其中扎德表示法是模糊集合表示的最基本方法,因此建立模糊集合描述模糊概念时常用扎德表示法。在模糊集合运算及模糊推理运算中,为方便起见,常采用向量表示法。将模糊集合的扎德表示形式转换为向量表示时,要注意扎德表示形式中隶属度为 0 的元素项一般可以不写,但在向量表示中一定要补上 0,否则就缺项了。

【重点】 学会通过一个模糊集合描述一个模糊概念是学习模糊数学的第一关。用一个模糊集合表示一个模糊概念,就是用 0~1 的一组数来描述论域内的各个元素属于模糊概念的程度,这组有序的数就是模糊集合的向量表示形式。把这组数逐点联结起来的曲线,就是模糊集合的隶属函数曲线。

【例 12.1】 在论域 $U=\{1,2,3,4,5\}$ 内,定义模糊集合 A、B、C 分别描述小、中、大 3 个模糊概念。

解 在 $\{1,2,3,4,5\}$ 内,1 完全属于小,5 完全属于大,3 完全属于中。而 2 既不完全属于小,也不完全属于中。同样,4 既不完全属于中,也不完全属于大。这里把 2 和 4 分别属于中和大的隶属度取为 0.5。用模糊集合表示小、中、大如图 12.1 所示。将模糊集合 A、B、C 分别表示扎德表示形式及向量形式:

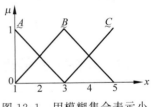

图 12.1　用模糊集合表示小、中、大

$$A = \frac{1}{1} + \frac{0.5}{2} + \frac{0}{3} + \frac{0}{4} + \frac{0}{5} = (1, 0.5, 0, 0, 0)$$

$$B = \frac{0}{1} + \frac{0.5}{2} + \frac{1}{3} + \frac{0.5}{4} + \frac{0}{5} = (0, 0.5, 1, 0.5, 0)$$

$$C = \frac{0}{1} + \frac{0}{2} + \frac{0}{3} + \frac{0.5}{4} + \frac{1}{5} = (0, 0, 0, 0.5, 1)$$

12.2.3　模糊集合的运算及其性质

1. 模糊集合的并、交、补运算

模糊集合有 3 种基本运算:并运算(逻辑或)、交运算(逻辑与)、补运算(逻辑否)。

(1) 并运算:两个模糊集合对应运算的隶属度取大的运算,用扎德算子 ∨ 表示。

(2) 交运算:两个模糊集合对应运算的隶属度取小的运算,用扎德算子 ∧ 表示。

(3) 补运算:对模糊集合每个元素的隶属度取补运算。

模糊集合的运算性质除了不满足互补律外,其余性质同经典集合的运算性质。

2. 模糊语言变量

模糊控制区别于传统控制的显著标志是采用语言变量取代传统控制使用的数值变量。所谓语言变量,就是以自然语言的字或词组为变量,如误差就是模糊控制中的一个语言变量。

扎德提出语言变量可以用一个五元组 $(X,T(X),U,G,M)$ 来表征。图 12.2（原教材图 2.6）给出了"误差"语言变量的五元组及其关联情况。其中,X 是语言变量的名称;$T(X)$ 为语言变量值的集合;U 为语言变量取值的论域;G 是由语言变量名称构成语言变量值集合的语法规则;M 是确定论域内元素对各语言变量值隶属度的语义规则。

人们对客观事物大小、程度的度量通常采用 3 个等级,如大、中、小,老、中、青,金牌、银牌、铜牌等。在模糊控制中以误差作为语言变量,由于误差有大、中、小,正、负之分,再加上零,所以通常语言变量名称集合为{负大,负中,负小,零,正小,正中,正大}。

应当指出,选择的多少个语言变量名称要根据被控对象工作范围的大小进行适当的设计。图 12.2 给出的语言变量名称集合 $T(X)=${负大,负小,零,正小,正大}。

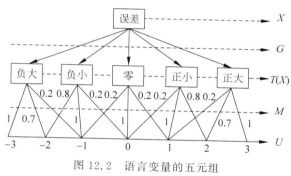

图 12.2　语言变量的五元组

3. 模糊语言算子

为了在论域范围内增加语言变量名称的数量,引进了模糊语言算子的概念。对误差和误差变化语言变量的大小程度起修饰作用的词称为语气算子,如,[很]、[极]起加强语气的作用,[微]、[略]起减弱语气的作用。语气算子用 H_λ 表示,当 $\lambda=2$ 时,$H_\lambda=$[很]是最常用的语气算子,它作用于表示模糊概念的模糊集合时,就是对该模糊集合各元素对应的隶属度取平方运算。

【小结】　模糊概念、模糊集合、隶属函数、语言变量及它们之间的关系可概括如下。

模糊概念是没有明确外延的概念,模糊集合用来定量描述模糊概念,并通过隶属函数加以表征。在模糊控制中采用语言变量作为变量,语言变量具有模糊性,采用模糊集合加以描述。因此,在模糊控制中,模糊概念、模糊集合、隶属函数、语言变量虽然称呼不一样,但它们描述的模糊性的内涵是相同的。因此,在有些场合,对它们并不进行严格区分。

12.2.4 模糊矩阵与模糊向量

1. 模糊矩阵

模糊矩阵是以 0、1 为元素的布尔矩阵的推广,即所有元素都在[0,1]区间取值的矩阵,称为模糊矩阵。

2. 模糊矩阵的并、交、补、合成运算

掌握了模糊集合的并、交、补运算后,模糊矩阵的并、交、补运算就很容易了。模糊矩阵的并、交、补、合成运算结果仍是一个模糊矩阵。

(1) 两个模糊矩阵的并运算:就是把两个模糊矩阵对应元素取大运算。

(2) 两个模糊矩阵的交运算:就是把两个模糊矩阵对应元素取小运算。

(3) 一个模糊矩阵的补运算:就是对该模糊矩阵各个元素取补运算。

(4) 两个模糊矩阵的合成运算:又称为两个模糊矩阵乘法运算,其运算方法与两个普通矩阵的乘法运算过程相同,只需将普通矩阵运算中的乘法运算改为取小运算,加法运算改为取大运算即可。

3. 模糊矩阵的运算性质

(1) 模糊集合的并、交运算可推广到多个模糊矩阵,但不满足互补律。

(2) 两个模糊矩阵的合成运算不满足交换律,满足结合律;对并运算满足分配律,对交运算不满足分配律。

4. 模糊向量及其运算

向量的所有元素都在[0,1]区间取值的向量,称为模糊向量。模糊向量也分为行向量和列向量。模糊向量可以看作仅一行或仅一列模糊矩阵的特例。

设 a、b 分别为两个模糊向量,定义模糊向量的 3 种运算如下:

(1) 模糊向量的笛卡儿乘积 $a \times b = a^T \circ b$ 为一模糊矩阵,它表示 a、b 所在论域之间的转换关系。

(2) 模糊向量的内积 $a \cdot b = a \circ b^T$ 为[0,1]区间的一个数,它表示同一论域内由 a、b 对应的两个模糊概念之间的相关性。如果 a、b 分别为两个模糊向量,那么它们的内积在一定程度上反映这两个模糊向量隶属函数曲线贴近的程度。

(3) 模糊向量的外积 $a \odot b$,它和内积 $a \cdot b$ 之间存在对偶性质,即 $(a \odot b)^c = a^c \cdot b^c$,$(a \cdot b)^c = a^c \odot b^c$。如果 a、b 分别为两个模糊向量,那么它们的外积在一定程度上反映这两个模糊向量隶属函数曲线不贴近(分离)的程度。

12.2.5　模糊关系

1. 模糊关系的定义

设 X、Y 为两个论域表示的两个非空集合,则它们的直积(笛卡儿乘积)

$$X \times Y = \{(x, y) \mid x \in X, y \in Y\}$$

表示 X、Y 中的元素相互配对的全体,其中的一个子集称为从 X 到 Y 的一个二元模糊关系 R,序对 (x, y) 的隶属度表示 (x, y) 具有关系 R 的程度。

从两个模糊向量笛卡儿积得到的模糊矩阵表示这两个向量所在论域之间的转换关系,就更容易理解上述模糊关系的定义。

2. 模糊关系的合成运算

由于模糊关系可以用模糊矩阵表示,因此两个模糊关系的合成运算可以作为两个模糊矩阵合成运算处理。模糊关系的合成运算性质和模糊矩阵合成运算性质相同。

12.2.6　模糊逻辑推理

1. 三段论推理

在形式逻辑中,经常使用由大前提、小前提和结论组成的三段论推理。下面举两个三段论推理的例子:

【例 12.2】　大前提:若 A,则 B

小前提:X 是 A

结　论:X 是 B

【例 12.3】　大前提:若西红柿红了,则熟了

小前提:若西红柿有点儿红

结　论:西红柿差不多熟了

例 12.2 是基于二值逻辑的三段论推理,而例 12.3 是基于模糊逻辑的三段论推理。在三段论推理中,结论是通过大前提给出的一般原理原则,对小前提给定的个别情况进行判断。

2. 模糊控制中常用的模糊推理句

1)"若 X 是 A,则 Y 是 B"

上述模糊推理句可简写为"若 A,则 B",它是 $X \times Y$ 直积上的一个模糊子集所确定的模糊蕴含关系 $A \rightarrow B$,可简记为

$$R = (A \wedge B) \vee (1 - A)$$

【例 12.4】 "如果明天天气好,我们去春游"是一个模糊推理句,表明"明天天气好"和"我们去春游"两个事件同时发生,如果明天天气不好,则随便做什么,并没有约束。

2)"若 X 是 A,则 Y 是 B,若 X 不是 A,则 Y 是 C"

上述模糊推理句可简写为"若 A,则 B,否则 C"。它是 $X \times Y$ 直积上的一个模糊子集所确定的模糊关系 $(A \rightarrow B) \vee (A^c \rightarrow C)$,可简记为

$$R = A \times B + A^c \times C$$

【例 12.5】 "如果明天天气好,我们去春游;如果天气不好,我们去图书馆"。该例句不同于例 12.4 之处在于天气不好时有明确的目的,即我们去图书馆。

3)"若 A_1,则 B_1;若 A_2,则 B_2;……,若 A_n,则 B_n"

上述模糊条件句所确定的模糊关系 R,可简记为

$$R = A_1 \times B_1 + A_2 \times B_2 + \cdots + A_n \times B_n$$

3. 模糊推理合成规则

模糊推理是对函数 $y = f(x)$ 推理形式的拓广,只是把 X 上的一点 x 变为一个模糊子集 A,把 f 视为由 $X \times Y$ 直积上的一个模糊子集 A 所确定的模糊关系 R,通过模糊子集 A 与模糊关系 R 的交集,可确定 Y 上的模糊子集 B。这样的模糊推理合成规则的表达式为

$$B = A \circ R \quad \text{或} \quad Y = A \circ R$$

4. 重点例题分析

【例 12.6】 (原教材例 2.8)某电热烘干炉依靠人工连续调节外加电压以便克服各种干扰达到恒温烘干工件的目的。操作工人调节炉温的经验是"如果炉温低,则外加电压高,否则电压不很高。"如果炉温很低,试根据模糊推理合成规则确定外加电压应该如何调节。

解 设 x 表示炉温,y 表示电压,则上述问题可叙述为"如果 x 低,则 y 高,否则不很高。"如果 x 很低,试问 y 如何调节?

设定论域 $X = Y = \{1, 2, 3, 4, 5\}$,定义描述模糊概念的模糊集合分别为

$$\underset{\sim}{A} = [低] = \frac{1}{1} + \frac{0.8}{2} + \frac{0.6}{3} + \frac{0.4}{4} + \frac{0.2}{5}$$

$$\underset{\sim}{B} = [高] = \frac{0.2}{1} + \frac{0.4}{2} + \frac{0.6}{3} + \frac{0.8}{4} + \frac{1}{5}$$

$$\underset{\sim}{C} = [不很高] = \frac{0.96}{1} + \frac{0.84}{2} + \frac{0.64}{3} + \frac{0.36}{4} + \frac{0}{5}$$

$$\underset{\sim}{A_1} = [很低] = H_1[低]$$

$$= \frac{1}{1} + \frac{0.64}{2} + \frac{0.36}{3} + \frac{0.16}{4} + \frac{0.04}{5}$$

【分析】　为什么要设定论域 $X=Y=\{1,2,3,4,5\}$？目的是在这样的论域范围内来定义模糊集合分别描述[低]、[高]等模糊概念。至于实际应用问题的论域大小要根据控制对象具体情况来确定。确定了论域并给定论域内的元素 $1,2,3,4,5$ 之后,再确定论域内各个元素隶属于模糊概念[低]、[高]、[不很高]、[很低]的隶属度。

首先确定各元素隶属于模糊概念[低]的隶属度,在 $1,2,3,4,5$ 的范围内当然 1 完全属于[低],因此对应元素 1 的隶属度取 1,而 5 则完全不属于[低],元素 5 对于[低]的隶属度取 0。选取元素 $2,3,4$ 对于[低]的隶属度分别为 $0.8、0.6、0.4$(根据实际问题的不同,确定隶属度有多种方法,此处不再赘述)。用类似的方法,容易确定元素 $1,2,3,4,5$ 对于模糊概念[高]的隶属度。

然后,确定元素 $1,2,3,4,5$ 对于模糊概念[不很高]的隶属度。模糊概念[不很高]实际上是在模糊概念[高]的基础上添加语气算子 H_2 后变为[很高],即对表示[高]的模糊集合各元素的隶属度平方就得到[很高]的模糊集合表示。再对[很高]取补,即对表示[很高]模糊集合各元素的隶属度取补就得到[不很高]的模糊集合表示。

最后,通过已确定表示[低]的模糊集合各元素的隶属度平方,就很容易确定[很低]的各元素的隶属度。

为了便于计算,将上述模糊子集分别写成模糊向量的形式:

$$A = (1,0.8,0.6,0.4,0.2)$$
$$B = (0.2,0.4,0.6,0.8,1)$$
$$C = (0.96,0.84,0.64,0.36,0)$$
$$A_1 = (1,0.64,0.36,0.16,0.04)$$

把工人调节炉温的经验写成模糊控制规则(模糊条件语句)的形式:"如果 x 低,则 y 高,否则不很高",它所对应的模糊关系为

$R = A \times B + A^c \times C$

$= (1,0.8,0.6,0.4,0.2) \times (0.2,0.4,0.6,0.8,1) + (0,0.2,0.4,0.6,0.8) \times$
$(0.96,0.84,0.64,0.36,0)$(这一步为向量的笛卡儿乘积运算)

$= (1,0.8,0.6,0.4,0.2)^T \cdot (0.2,0.4,0.6,0.8,1) + (0,0.2,0.4,0.6,0.8)^T \cdot$
$(0.96,0.84,0.64,0.36,0)$(由两向量的笛卡儿乘积运算变为它们内积运算)

$$= \begin{bmatrix} 0.2 & 0.4 & 0.6 & 0.8 & 1 \\ 0.2 & 0.4 & 0.6 & 0.8 & 0.8 \\ 0.2 & 0.4 & 0.6 & 0.6 & 0.6 \\ 0.2 & 0.4 & 0.4 & 0.4 & 0.4 \\ 0.2 & 0.2 & 0.2 & 0.2 & 0.2 \end{bmatrix} + \begin{bmatrix} 0 & 0 & 0 & 0 & 0 \\ 0.2 & 0.2 & 0.2 & 0.2 & 0 \\ 0.4 & 0.4 & 0.4 & 0.36 & 0 \\ 0.6 & 0.6 & 0.6 & 0.36 & 0 \\ 0.8 & 0.8 & 0.64 & 0.36 & 0 \end{bmatrix}$$

$$
= \begin{bmatrix}
0.2 & 0.4 & 0.6 & 0.8 & 1 \\
0.2 & 0.4 & 0.6 & 0.8 & 0.8 \\
0.4 & 0.4 & 0.6 & 0.6 & 0.6 \\
0.6 & 0.6 & 0.6 & 0.4 & 0.4 \\
0.8 & 0.8 & 0.64 & 0.36 & 0.2
\end{bmatrix}
$$

【分析】　把工人通过调节电压控制炉温经验规则中所有的模糊概念建立模糊集合描述后,把已建立的所有模糊集合的扎德表示形式写成向量形式,目的是方便通过向量的笛卡儿积计算由模糊规则"如果 x 低,则 y 高,否则不很高"所确立的模糊关系 $\boldsymbol{R}$。该计算中涉及两个向量笛卡儿积运算、模糊矩阵的并运算等。

在计算出由模糊规则"如果 x 低,则 y 高,否则不很高"确立的模糊关系 R 后,根据模糊推理合成规则来计算在炉温 x 很低情况下,应该调整电压 y 值的大小。

$$y = \underset{\sim}{\boldsymbol{A}}_1 \circ \underset{\sim}{\boldsymbol{R}}$$

$$
= (1, 0.64, 0.36, 0.16, 0.04) \circ
\begin{bmatrix}
0.2 & 0.4 & 0.6 & 0.8 & 1 \\
0.2 & 0.4 & 0.6 & 0.8 & 0.8 \\
0.4 & 0.4 & 0.6 & 0.6 & 0.6 \\
0.6 & 0.6 & 0.6 & 0.4 & 0.4 \\
0.8 & 0.8 & 0.64 & 0.36 & 0.2
\end{bmatrix}
$$

$$= (0.36, 0.4, 0.6, 0.8, 1)$$

为了更便于判断用向量表示的电压 y 的大小,再把电压 y 的模糊集合向量形式写成扎德表示形式:

$$y = \frac{0.36}{1} + \frac{0.4}{2} + \frac{0.6}{3} + \frac{0.8}{4} + \frac{1}{5}$$

把上述模糊推理得到的电压 y 的模糊集合与前面已有的描述模糊概念[低]、[高]、[不很高]、[很低]的模糊集合分别对各个元素对应的隶属度进行比较可知,电压 y 的模糊集合中 5 个元素的隶属度与描述模糊概念[高]的模糊集合中 4 个元素的隶属度相同,仅有元素 1 的隶属度不同,而且元素 1 的隶属度同其他因素的隶属度相比处于次要地位。因此,就可以得出 y 近似高。即如果炉温很低,则外加电压调整为高。

【总结】　例 12.6 是为了全面复习本书涉及的模糊数学知识而特意设计的,既起到综合复习模糊数学知识的作用,又充当从模糊数学过渡到模糊控制的桥梁。因此,要求学生必须掌握这个例题中的每个步骤涉及的新概念、原理、公式及其相应的运算方法。

本例题解题的思路归纳如下:根据实际问题建立模糊规则→定义模糊集合描述模糊规则中的所有模糊概念→把定义的所有模糊集合扎德表示形式写成向量形式→计算由实际问题建立的模糊规则所确立的模糊关系矩阵→由问题给定的条件根据模糊推理合成规则计算得到控制电压的模糊向量→把得到的模糊向量写成模糊集合的扎德表示形式→按照定义的模糊概念比对确定该结果的模糊变量的名称。

12.3　模糊控制的原理

12.3.1　模糊控制系统的组成及工作原理

在日常生活中,人用笔写字、骑自行车、驾驶汽车等都属于模糊控制的例子。在教学过程中,可以让学生尽可能多举几个模糊控制的例子,以加深对模糊控制的感性认识。

图 12.3(原教材图 2.9)是人工操作控制锅炉炉温的例子。教学中要引导学生设身处地地想一下:若让自己亲自观测仪表,实施给锅炉添加燃料的操作,控制炉温将是怎样的操作场景。

实际上,人在控制炉温过程中从观测炉温的高低,到判断它跟期望炉温差值的大小,再到决定给锅炉添加燃料的多少,这一系列过程使用的高低、大小、多少都是模糊变量,却能对炉温实现较精确的控制。

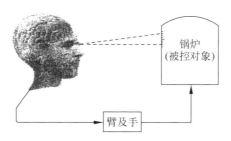

图 12.3　人工操作控制炉温的原理示意图

图 12.4 是模糊控制系统的组成及工作原理图(此图是对原教材图 2.11 的修改,增加了最上面一层——人的模糊逻辑思维形式)。看懂这个图,有助于掌握模糊控制系统的组成及工作原理,以及理解模糊控制器的模糊逻辑推理过程与人的模糊逻辑思维形式、模糊数学之间的关系。下面从纵横两个方向来对图 12.4 加以分析。

从纵的方向自上而下分为 3 个层次:上层为人的模糊逻辑思维形式;中层为模糊数学基本组成;下层为模糊控制器的模糊逻辑推理过程。

从横的方向自左至右看,该图把模糊控制器的模糊逻辑推理的 3 个环节[模糊量化处理、模糊控制规则、模糊推理(决策)]和模糊数学的 3 部分基本内容(模糊集合、模糊关系、模糊推理),再同人的模糊思维的 3 种形式(模糊概念、模糊判断、模糊推理)分别建立一一对应的关系。其中模糊逻辑推理过程的模糊量化处理(模糊化)是将模糊控制系统输入的精确量变为模糊量,即通过模糊集合来描述模糊概念;模糊控制规则对应模糊数学中的模糊关系,它来源于人的模糊判断;模糊推理(决策)对应模糊数学中的模糊推理合成规则,即体现了人的模糊逻辑思维的推理形式。

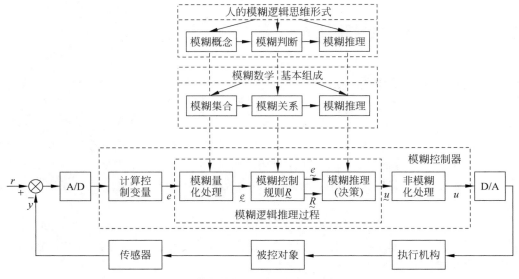

图 12.4　模糊控制系统的组成及工作原理图

【小结】　模糊控制是一种计算机数字闭环控制形式;从线性和非线性角度看,模糊控制本质上属于非线性控制;从智能性上看,模糊控制属于智能控制。模糊控制是通过计算机应用模糊数学的模糊逻辑推理来模拟人的控制决策行为,从而实现对缺乏精确模型的复杂非线性对象进行精确而有效的控制。因而,模糊控制是目前实现智能控制的一种应用最为广泛、最为有效且易于实现的形式。

12.3.2　单变量模糊控制系统举例

在例 12.6 的基础上设计的例 12.7 是对例 12.6 的具体化,它向实用的模糊控制系统更贴近了一步。

【例 12.7】　(原教材例 2.9)某电热炉用于金属零件的热处理,按热处理工艺要求需保持炉温 600℃恒定不变。人工操作调节电压控制炉温的经验可以用语言总结成如下控制规则:

若炉温低于 600℃,则升压,低得越多升压越高;

若炉温等于 600℃,则保持电压不变;

若炉温高于 600℃,则降压,高得越多降压越低。

解　根据上述控制规则,应用微机实现模糊控制炉温,需要按照下述步骤进行设计。

(1) 确定模糊控制器的输入、输出变量。

选择炉温实际值与设定值之差 $e(n) = t_0 - t(n)$ 作为误差输入变量,选择调节炉温的电

压 u 作为模糊控制器的输出变量。

(2) 确定输入、输出变量的模糊语言变量。

① 选择输入、输出变量的模糊子集为{负大,负小,零,正小,正大}＝{NB,NS,ZE,PS,PB},其中,NB,NS,ZE,PS,PB 分别为负大、负小、零、正小、正大的英文缩写。

② 选择误差 e 的论域 X 及控制量 u 的论域 Y 均为 $X=Y=\{-3,-2,-1,0,1,2,3\}$。

③ 确定输入、输出语言变量的隶属函数如图 12.5(原教材图 2.12)所示,由此可以得到模糊变量 e 及 u 的赋值如表 12.1(原教材表 2.4)所示。

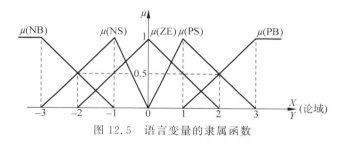

图 12.5 语言变量的隶属函数

表 12.1 模糊变量 e 及 u 的赋值表

语 言 变 量	量 化 等 级						
	-3	-2	-1	0	1	2	3
PB	0	0	0	0	0	0.5	1
PS	0	0	0	0	1	0.5	0
ZE	0	0	0.5	1	0.5	0	0
NS	0	0.5	1	0	0	0	0
NB	1	0.5	0	0	0	0	0

【分析】 语言变量选取多少个,要根据实际问题来确定。如被炉温控制量的范围较大,语言变量应选择得多一些;而油门控制开度范围较小时,语言变量就选择得少一些。当语言变量多于 7 个时,语言变量名称用词语表示不方便,通常直接用模糊集合来表示。

看懂表 12.1 非常重要,这是一个重点,也是一个难点。这个表提供了以下信息:左边第 1 列为语言变量词集{NB,NS,ZE,PS,PB};上面第 2 行是对语言变量的模糊集合论域的量化等级{-3,-2,-1,0,1,2,3};从第 3 行开始至第 7 行,每一行都是相应语言变量的向量表示,如 PB ＝(0,0,0,0,0,0.5,1);从左起第 2 列至第 8 列,每一列自上而下的数字都是论域内的元素隶属于不同语言变量的隶属度,如左起第 4 列,元素-1 隶属于语言变量 NB,NS,ZE,PS,PB 的隶属度分别为 0,0,0.5,1,0。

表 12.1 中给出了语言变量(模糊集合)名称、论域(量化等级)、论域内的元素以及各元素隶属于各个语言变量的隶属度。因而,通过这表 12.1 可以画出描述语言变量的模糊集合的隶属函数曲线,因此这个表称为模糊变量的赋值表。

【注】 在模糊控制中使用语言变量作为输入/输出变量。因为语言变量是用模糊集合表示的,而模糊集合又是描述模糊概念的。因此,为方便起见,有时将语言变量、模糊集合、模糊概念等同起来,并不加以区分。

12.3.3　建立模糊控制规则

选择炉温误差作为输入变量,电压作为输出变量,上述人工调节电压控制炉温的规则可以写成如下 5 条炉温模糊控制规则:

(1) 若误差负大,则电压正大(IF e = NB THEN u = PB)。

(2) 若误差负小,则电压正小(IF e = NS THEN u = PS)。

(3) 若误差为零,则电压为零(IF e = ZE THEN u = ZE)。

(4) 若误差正小,则电压负小(IF e = PS THEN u = NS)。

(5) 若误差正大,则电压负大(IF e = PB THEN u = NB)。

上述模糊控制规则后面的括号中给出了英文 If-then 形式的模糊条件语句。

12.3.4　模糊控制规则的模糊矩阵表示

模糊控制规则实际上是一组多重模糊条件语句,它可以表示为从误差论域 X 到控制量论域 Y 的模糊关系 R。因为当论域有限时,模糊关系可以用模糊矩阵来表示。在炉温模糊控制中,论域 X 及 Y 均是有限的 7 个等级,所以可用模糊关系矩阵 R 表示上述模糊控制规则。

上述的模糊条件语句可以用模糊关系表示为

$$R = NB_e \times PB_u + NS_e \times PS_u + ZE_e \times ZE_u + PS_e \times NS_u + PB_e \times NB_u \qquad (12.1)$$

其中,语言变量 NB_e、PB_u 等的下标 e 和 u 分别表示它们是误差和控制量的语言变量。

下面通过模糊向量的笛卡儿积运算分别求出 5 个模糊控制规则对应的模糊关系矩阵:

$$NB_e \times PB_u = (1, 0.5, 0, 0, 0, 0, 0) \times (0, 0, 0, 0, 0, 0.5, 1)$$

$$= \begin{bmatrix} 0 & 0 & 0 & 0 & 0 & 0.5 & 1 \\ 0 & 0 & 0 & 0 & 0 & 0.5 & 0.5 \\ 0 & 0 & 0 & 0 & 0 & 0 & 0 \\ 0 & 0 & 0 & 0 & 0 & 0 & 0 \\ 0 & 0 & 0 & 0 & 0 & 0 & 0 \\ 0 & 0 & 0 & 0 & 0 & 0 & 0 \\ 0 & 0 & 0 & 0 & 0 & 0 & 0 \end{bmatrix}$$

$$NS_e \times PS_u = (0, 0.5, 1, 0, 0, 0, 0) \times (0, 0, 0, 0, 1, 0.5, 0)$$

$$= \begin{bmatrix} 0 & 0 & 0 & 0 & 0 & 0 & 0 \\ 0 & 0 & 0 & 0 & 0.5 & 0.5 & 0 \\ 0 & 0 & 0 & 0 & 1 & 0.5 & 0 \\ 0 & 0 & 0 & 0 & 0 & 0 & 0 \\ 0 & 0 & 0 & 0 & 0 & 0 & 0 \\ 0 & 0 & 0 & 0 & 0 & 0 & 0 \\ 0 & 0 & 0 & 0 & 0 & 0 & 0 \end{bmatrix}$$

$$\mathbf{ZE}_e \times \mathbf{ZE}_u = (0,0,0.5,1,0.5,0,0) \times (0,0,0.5,1,0.5,0,0)$$

$$= \begin{bmatrix} 0 & 0 & 0 & 0 & 0 & 0 & 0 \\ 0 & 0 & 0 & 0 & 0 & 0 & 0 \\ 0 & 0 & 0.5 & 0.5 & 0.5 & 0 & 0 \\ 0 & 0 & 0.5 & 1 & 0.5 & 0 & 0 \\ 0 & 0 & 0.5 & 0.5 & 0.5 & 0 & 0 \\ 0 & 0 & 0 & 0 & 0 & 0 & 0 \\ 0 & 0 & 0 & 0 & 0 & 0 & 0 \end{bmatrix}$$

$$\mathbf{PS}_e \times \mathbf{NS}_u = (0,0,0,0,1,0.5,0) \times (0,0.5,1,0,0,0,0)$$

$$= \begin{bmatrix} 0 & 0 & 0 & 0 & 0 & 0 \\ 0 & 0 & 0 & 0 & 0 & 0 \\ 0 & 0 & 0 & 0 & 0 & 0 \\ 0 & 0 & 0 & 0 & 0 & 0 \\ 0 & 0.5 & 1 & 0 & 0 & 0 \\ 0 & 0.5 & 0.5 & 0 & 0 & 0 \\ 0 & 0 & 0 & 0 & 0 & 0 \end{bmatrix}$$

$$\mathbf{PB}_e \times \mathbf{NB}_u = (0,0,0,0,0,0.5,1) \times (1,0.5,0,0,0,0,0)$$

$$= \begin{bmatrix} 0 & 0 & 0 & 0 & 0 & 0 & 0 \\ 0 & 0 & 0 & 0 & 0 & 0 & 0 \\ 0 & 0 & 0 & 0 & 0 & 0 & 0 \\ 0 & 0 & 0 & 0 & 0 & 0 & 0 \\ 0 & 0 & 0 & 0 & 0 & 0 & 0 \\ 0.5 & 0.5 & 0 & 0 & 0 & 0 & 0 \\ 1 & 0.5 & 0 & 0 & 0 & 0 & 0 \end{bmatrix}$$

将上述各矩阵 $\mathbf{NB}_e \times \mathbf{PB}_u$、$\mathbf{NS}_e \times \mathbf{PS}_u$、$\mathbf{ZE}_e \times \mathbf{ZE}_u$、$\mathbf{PS}_e \times \mathbf{NS}_u$、$\mathbf{PB}_e \times \mathbf{NB}_u$ 代入式(12.1)(对应原教材式(2.23))中,就可求出模糊控制规则的矩阵表达式为

$$\underset{\sim}{R} = \begin{bmatrix} 0 & 0 & 0 & 0 & 0 & 0.5 & 1 \\ 0 & 0 & 0 & 0 & 0.5 & 0.5 & 0.5 \\ 0 & 0 & 0.5 & 0.5 & 1 & 0.5 & 0 \\ 0 & 0 & 0.5 & 1 & 0.5 & 0 & 0 \\ 0 & 0.5 & 1 & 0.5 & 0.5 & 0 & 0 \\ 0.5 & 0.5 & 0.5 & 0 & 0 & 0 & 0 \\ 1 & 0.5 & 0 & 0 & 0 & 0 & 0 \end{bmatrix}$$

【注意】 上述模糊矩阵运算是通过两个模糊向量的笛卡儿积运算得到的,要用到公式 $a \times b = a^{T} \circ b$,即把第 1 个行向量转置变为列向量,然后把上述向量作为一行的特殊模糊矩阵,按两个模糊矩阵合成(乘法)进行运算。

把 $NB_e \times PB_u$、$NS_e \times PS_u$、$ZE_e \times ZE_u$、$PS_e \times NS_u$、$PB_e \times NB_u$ 代入式(12.1)中,这些模糊矩阵之间用 + 号连接,是取逻辑并运算,即对 5 个同维的模糊矩阵对应元素分别取大运算,切记不要做加法运算,这部分是最容易出错的地方。

12.3.5 通过模糊推理决策求出控制量的模糊量

模糊控制器的控制量 $\underset{\sim}{u}$ 等于误差的模糊向量 $\underset{\sim}{e}$ 和模糊关系 $\underset{\sim}{R}$ 的合成,当取 $\underset{\sim}{e} = PS$ 时,则有

$$\underset{\sim}{u} = \underset{\sim}{e} \circ \underset{\sim}{R} = (0,0,0,0,1,0.5,0) \circ \begin{bmatrix} 0 & 0 & 0 & 0 & 0 & 0.5 & 1 \\ 0 & 0 & 0 & 0 & 0.5 & 0.5 & 0.5 \\ 0 & 0 & 0.5 & 0.5 & 1 & 0.5 & 0 \\ 0 & 0 & 0.5 & 1 & 0.5 & 0 & 0 \\ 0 & 0.5 & 1 & 0.5 & 0.5 & 0 & 0 \\ 0.5 & 0.5 & 0.5 & 0 & 0 & 0 & 0 \\ 1 & 0.5 & 0 & 0 & 0 & 0 & 0 \end{bmatrix}$$

$$= (0.5, 0.5, 1, 0.5, 0, 0)$$

【说明】 上述的模糊向量同模糊矩阵的合成运算,也是把前面的行向量作为一行的模糊矩阵同后面的模糊矩阵做乘法运算。

12.3.6 控制量的模糊量转化为精确量

上面求得的控制量 $\underset{\sim}{u}$ 可写成模糊子集的扎德表达式:

$$\underset{\sim}{u} = \frac{0.5}{-3} + \frac{0.5}{-2} + \frac{1}{-1} + \frac{0.5}{0} + \frac{0.5}{1} + \frac{0}{2} + \frac{0}{3}$$

对上式控制量的模糊子集按照隶属度最大原则,应选取控制量为 −1 级。实际控制时,−1 等级电压要变为精确量。−1 这个等级控制电压的精确值根据执行机构所要求的工作范围是容易计算得出的。

12.4　经典模糊控制器的设计方法

经典模糊控制器是指 Mamdani 首先提出的二维模糊控制器,它已成为模糊控制器的基本形式,其他形式的模糊控制器都是以它为基础发展起来的。因此,掌握经典模糊控制器的设计无疑是重点内容。这部分内容原教材中讲得比较详细,下面着重讲解几个难点问题。

12.4.1　模糊控制器的基本形式

经典模糊控制器是在例 12.6 和例 12.7 一维模糊控制器的基础上,进一步提升到具有实用价值的二维模糊控制器。由误差、误差变化作为控制器的输入变量,控制器的输出作为输出变量的模糊控制器称为二维模糊控制器,它是模糊控制器的标准形式,简称为模糊控制器。

模糊控制器为什么一般都用二维模糊控制器? 因为绝大多数的被控对象均可近似为二阶系统,仅用误差作为输入变量一维模糊控制器对二阶对象进行控制达不到预期快、稳、准的控制效果。

举个通俗的例子,甲在乙后面 10 米远处跟随乙向前走路,如果乙是匀速步行(可用一维描述),甲为了追上乙,只需消除和乙的距离"误差"10 米就可以追上乙。如果乙是匀加速步行(需用二维描述),此时,如果甲还仅用误差作输入变量,那么当甲向前走过 10 米后,乙就离甲更远了。因此,甲为了追上乙,就需要以误差和误差变化二者作为输入变量。

12.4.2　定义描述语言变量的模糊集合

定义描述语言变量的模糊集合应注意如下问题:
(1) 表示语言变量的隶属函数对论域应该保持全覆盖。
(2) 论域内的元素个数通常约为语言变量个数的 2~3 倍。
(3) 论域内每个元素均隶属于 1~3 个语言变量。
(4) 隶属函数形状一般选取三角形,为了提高模糊推理速度,选用不均匀分布的三角形隶属函数。

12.4.3　模糊控制规则的设计

设计模糊控制规则的基本思想可以通过对如图 12.6(原教材图 2.17)所示的二阶系统

阶跃响应曲线的分析得到。为了清楚起见,下面分几个部分进行说明。

1. 定义误差和误差变化

本书定义误差为 $e=r-y$,其中,r 为给定输入,y 为系统输出;n 时刻的误差变化 $\dot{e}(n)=e(n)-e(n-1)$ 等于 n 时刻的误差 $e(n)$ 减去它前一时刻的误差 $e(n-1)$。

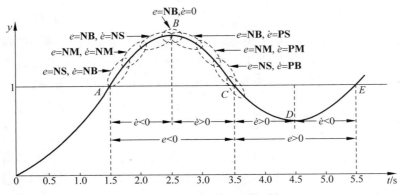

图 12.6　阶跃响应曲线上语言变量误差 e 及误差变化 $\dot{e}$ 的模糊划分

根据上述定义的误差和误差变化,就容易判断出图 12.6 中不同区域所标注的误差 e 和误差变化 $\dot{e}$ 的符号(注:也有教材把误差定义为 $e=y-r$,只是符号表示不同,并不影响模糊控制的原理和系统正常运行)。

2. 确定阶跃曲线 *AB*、*BC*、*CD* 各段上误差及误差变化的大小及方向

AB 段:$e<0$,$\dot{e}<0$,从过 *A* 点后直到 *B* 点前,将 *AB* 段从 *A* 点到 *B* 点模糊划分为小、中、大 3 个区域,分别如图 12.6 中虚线构成的两两相交的 3 个椭圆所示。

在 *A* 点处 $e=0$,自下向上误差 e 从 **NS**(负小)→**NM**(负中)→**NB**(负大),而相应的误差变化 $\dot{e}$ 从 **NB**(负大)→**NM**(负中)→**NS**(负小),到达 *B* 点时的误差 e 达到 **NB**(负大),而误差变化 $\dot{e}=0$。

类似地,可以分别确定出 *BC*、*CD* 两段内的误差 e 和误差变化 $\dot{e}$ 模糊变量的大小及方向,如图 12.6 所示。

3. 模糊控制规则的设计举例

下面以上述的 *AB* 段上误差及误差变化的大小及方向为例,设计这一区间的模糊控制规则。在模糊控制规则中,误差 e 常采用 E 表示,误差变化 $\dot{e}$ 常用 EC 表示。

在阶跃响应曲线上紧接着 *A* 点的虚线椭圆范围内,$e=$**NS** 且 $\dot{e}=$**NB** 表明,此时误差较小,但误差变化很大,误差正往增大(超调)方向快速变化,为了拟制误差的进一步增大,必须

选择一个正的较大的控制量 $u=$ **PM**。这样,就可以设计如下的控制规则:

IF E = NS and EC = NB THEN u = PM

在这条控制规则控制下,被控动态过程进入到中间虚线椭圆范围内,此时误差增加为 NM,而误差变化减弱为 NM。为了既减小误差,又进一步拟制误差变化的增加,所以需要施加一个大的控制量,即 $u=$ PB。可以设计如下的控制规则:

IF E = NM and EC = NM THEN u = PB

在这条控制规则控制下,被控动态过程进入到上面虚线椭圆范围内,此时误差逐渐增加到最大,即为 NB,而误差变化进一步减弱,变为 NS。为了尽快减小大的误差,并进一步拟制误差的变大,所以需要施加一个大的控制量,即 $u=$ PB。可以设计如下的控制规则:

IF E = NB and EC = NS THEN u = PB

利用上述建立模糊控制规则的思想,很容易建立 BC、CD、DE 各段上的模糊控制规则,对所建立的所有模糊控制规则进行适当的合并处理,就可以得到 21 条模糊控制规则。

【总结】 通过对如图 12.6 所示的二阶系统阶跃响应曲线动态过程的分析,为制定模糊控制规则提供依据,也为深刻、直观地理解语言变量在模糊控制中的具体应用提供方便。

【注】 有关建立模糊控制规则的内容可以和原教材表 2.5(模糊控制规则表),以及和原教材中第 50 页的 21 条模糊控制规则前后内容联系起来一起讲,这样的效果会更好。这部分内容可启发学生自己做练习,也可以作为考试内容。

【注】 在工程实际中,对于一些特殊的对象应用模糊控制时,控制规则的设计可以根据人工操作的经验加以总结,并在实际应用中加以改进和进一步完善。

12.4.4 Mamdani 模糊推理法

Mamdani 模糊推理法又称为最小-最大-重心法(MIN-MAX-重心法),要作为重点、难点内容讲授。下面以两条两输入单输出的模糊控制规则为例说明模糊推理的过程。

规则 1:IF x_1 is A_1 and x_2 is B_1 THEN y is C_1

规则 2:IF x_1 is A_1 and x_2 is B_2 THEN y is C_2

图 12.7(原教材图 2.18)示出了 Mamdani 最小-最大-重心法的具体实现过程。

1. 取最小的过程

规则 1 的两个输入变量分别对两个模糊集合 A_1 和 B_1 的隶属度分别为 a_1 和 b_1,取其中较小的一个 b_1;同理,规则 2 的两个输入变量对两个模糊集合 A_2 和 B_2 的隶属度分别为 a_2 和 b_2,取其中较小的一个 b_2。

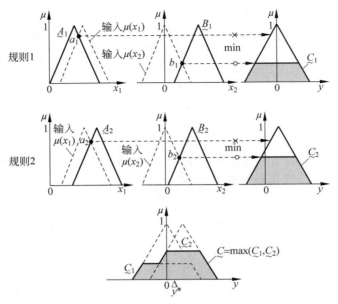

图 12.7　Mamdani 模糊推理最小-最大-重心法图解

2. 取最大的过程

图 12.7 中最上面带有阴影的梯形为由规则 1 推理得到的 b_1 所确定的隶属函数 $\underset{\sim}{C_1}$，而中间带阴影部动梯形为由规则 2 推理得到的 b_2 所确定的隶属函数 $\underset{\sim}{C_2}$；最后把上面的两个梯形隶属函数再取大，即得到图中最下面的隶属函数 $\underset{\sim}{C}$。

3. 取重心的方法

所谓重心法就是求隶属函数 $\underset{\sim}{C}$ 所围成的图形的重心，可以通过式(12.2)(原教材式(2.31))计算得到。

$$y^* = \frac{\displaystyle\sum_{i=1}^{n} \mu_{\underset{\sim}{C_i}}(y_i) \cdot y_i}{\displaystyle\sum_{i=1}^{n} \mu_{\underset{\sim}{C_i}}(y_i)} \tag{12.2}$$

12.4.5　模糊化与清晰化

模糊控制器的输入量误差和误差变化都要由精确量变为模糊量，即由连续域内的精确量变为模糊集合论域内的离散量,这一过程称为模糊量化,简称模糊化。所谓量化,就是指四舍五入处理。通过定义误差和误差变化的量化因子来定量反映模糊控制器对误差和误差变化的放大作用,因此也称为量化增益。

模糊控制器输出的模糊控制量要由论域变为连续域内的精确量,由执行机构驱动被控对象,这一过程称为清晰化,不需要量化,也称非模糊化处理、解模糊。通过输出比例因子进行直接变换即可。

精确量和模糊量的相互转换关系可以通过一段坡道和若干阶梯之间的映射关系直观加以理解。

12.4.6　经典模糊控制器的三种形式

1. 在线推理的模糊控制器

在线推理的模糊控制器是指在控制过程的两次采样中,完成在线进行推理并给出精确控制量的模糊控制器。它的设计内容包括控制器结构、输入/输出变量名称、模糊变量的论域及隶属函数、控制规则、推理方法(最小-最大-重心法)、模糊化和清晰化方法。

2. 查询表式模糊控制器

在线推理的模糊控制器的模糊控制规则一般不能在线自调整,在线推理速度有时难以满足实时控制的要求。应用对过程控制具有普适价值的 21 条模糊控制规则,对于各种不同输入变量误差和误差变化分别与由 21 条模糊控制规则构成的模糊关系进行合成运算,利用计算机进行离线模糊逻辑推理,把对应不同的误差和误差变化所获得的所有模糊控制量列成一个表,这个表称为查询表、模糊控制表,作为文件存入计算机。在控制过程中根据当时的误差及误差变化在线去查表,获得相应的模糊控制量,再乘以输出比例因子即为控制量的精确量。这样可以省去在线推理的时间,从而显著提高模糊控制的速度。

3. 带调整因子的模糊控制器

1) 模糊控制规则的解析式描述

查询表式模糊控制器的控制规则仍然存在不能在线自调整的问题。1981 年,龙升照等提出近似描述查询表的解析式如下:

$$u = -\langle \alpha E + (1-\alpha)EC \rangle, \quad \alpha \in [0,1] \tag{12.3}$$

其中,E 和 EC 分别为误差和误差变化的模糊量;u 为控制量的模糊量;α 为对误差的加权因子;$(1-\alpha)$ 为对误差变化的加权因子。

由式(12.3)可以看出,根据被控动态过程的需要,调整 α 可以调整控制规则。当误差相对于误差变化大时,对误差的加权因子大,使得此时的误差对控制作用的贡献大;反之,当误差变化相对于误差大时,对误差变化的加权因子大,使得此时的误差变化对控制作用的贡献大。

2) 带有自调整因子的模糊控制器

在式(12.3)中带有一个调整因子的基础上,考虑在不同的误差等级上误差和误差变化是不一样的,因此应该在不同误差等级上有不同的加权因子,这样就提出了带有 2 个或 4 个加权因子的模糊控制规则等。为了能够在线根据误差和误差变化的大小自动调整加权因子,1990 年作者提出了带有自调整因子的模糊控制器,其控制规则可描述如下。

设误差 E、误差变化 EC 和控制量 u 具有相同的论域:

$$\{E\} = \{EC\} = \{u\} = \{-N, \cdots, -2, -1, 0, 1, 2, \cdots, N\}$$

模糊控制规则如下:

$$\begin{cases} u = -\langle \alpha E + (1-\alpha)EC \rangle \\ \alpha = \dfrac{1}{N}(\alpha_s - \alpha_0) \cdot |E| + \alpha_0 \end{cases} \quad (12.4)$$

其中,$0 \leq \alpha_0 \leq \alpha_s \leq 1, \alpha \in [\alpha_0, \alpha_s]$。

当式(12.4)的控制规则在不同误差($0, \pm 1, \pm 2, \pm 3$)等级分别带有 α_0、α_1、α_2、α_3 加权因子时,就形成了 4 条模糊控制规则。然后通过系统仿真对 4 个加权因子进行寻优得到相应的 4 个值,分别为 0.29、0.55、0.74、0.89。在直角坐标系中,设 x 轴为误差坐标,y 轴为加权因子坐标,将上述 4 点连线成一条曲率很小的线段,近似取为直线。于是就为设计上述带有自调整因子的控制规则提供了依据。

【类比】 对带有自调整因子的模糊控制规则的理解,可以通过一个通俗的例子解释如下。误差和误差变化对控制作用的贡献,好比张、王两个人利用一个扁担共担一个重物从甲地到乙地。问题是两个人如何分配体力才能使到达目的地的时间最短。一个自然又合理的想法就是两个人在行进过程中,张累了就把重物从扁担往靠近王的方向移动一些,过一些时间,王累了就把重物从扁担往靠近张的方向移动一些。这样交替进行,就能使得二人充分发挥体能,使到达目的地花费的时间最短。

【分析】 下面分析一下解析式规则自调整模糊控制器与传统 PID 数字控制器有何异同。相同之处:二者都是基于反馈控制的基本原理,通过计算机实现的数字闭环控制;不同之处的对比如表 12.2 所示。

表 12.2　解析式规则自调整模糊控制器与传统 PID 数字控制器的对比表

解析式规则自调整模糊控制器	传统 PID 数字控制器
线性、非线性、时变的被控对象	线性时不变的被控对象
不需要被控对象的精确数学模型	基于被控对象精确的数学模型
输入输出使用模糊变量	输入输出使用精确变量
基于模糊逻辑推理	基于精确推理
属于非线性控制	属于线性控制
属于智能控制	属于传统控制

12.4.7　多输入/多输出模糊控制系统设计

1. 单变量模糊控制器

前面设计的 Mamdani 型模糊控制器,包括在线推理的,离线推理查表式的,以及解析式模糊控制规则自调整控制器,都属于单变量模糊控制器,即由误差、误差变化作为输入变量,控制量作为输出变量的二维模糊控制器。

2. 多变量模糊控制系统设计

多变量模糊控制系统的设计,可以作为多个单变量模糊控制系统来设计。这是因为单变量模糊控制系统具有很强的鲁棒性,因而具有很强的抗干扰能力。于是,就可以把多变量控制系统在输出变量之间或输出与输入变量之间存在的耦合视为对各单变量模糊控制器的干扰来处理。当多变量控制系统变量之间存在的耦合较严重时,也可以考虑在耦合较严重的变量之间根据测试数据或根据经验总结模糊规则进行解耦处理。

12.5　T-S 模糊控制器

12.5.1　T-S 模糊模型及模糊推理

T-S 模糊模型和 Mamdani 模糊模型的规则前件(条件)相同,都是用语言变量表示的模糊集合,Mamdani 模糊模型规则的后件(结论)也是模糊集合,但 T-S 模糊模型的后件则是前件变量等的线性函数,其值为一个精确量。

下面通过表 12.3(原教材表 2.11)给出的 4 条 T-S 模糊规则说明 T-S 模糊模型的模糊推理过程。4 条 T-S 模糊规则的具体形式如下:

$$R^1 \text{ IF } x_1 = A_{\sim 1}^1 \text{ THEN } u^1 = 1.0x_1 + 0.5x_2 + 1.0$$

$$R^2 \text{ IF } x_1 = A_{\sim 1}^2 \text{ and } x_2 = A_{\sim 2}^2 \text{ THEN } u^2 = -0.1x_1 + 4.0x_2 + 1.2$$

$$R^3 \text{ IF } x_1 = A_{\sim 1}^3 \text{ and } x_2 = A_{\sim 2}^3 \text{ THEN } u^3 = 0.9x_1 + 0.7x_2 + 9.0$$

$$R^4 \text{ IF } x_1 = A_{\sim 1}^4 \text{ and } x_2 = A_{\sim 2}^4 \text{ THEN } u^4 = 0.2x_1 + 0.1x_2 + 0.2$$

其中,隶属函数 $A_{\sim 1}^1, A_{\sim 1}^2, A_{\sim 2}^2, A_{\sim 1}^3, A_{\sim 2}^3, A_{\sim 1}^4, A_{\sim 2}^4$ 如表 12.3 所示。

表 12.3　4 条 T-S 模糊规则的模糊推理过程

规　则	前　　提		结　　论	w^i（真值）
	IF $x_1 x_2$		THEN y	
R^1			$y^1 = 1.0x_1 + 0.5x_2 + 1.0 = 5.5$	0.8
R^2			$y^2 = -0.1x_1 + 4.0x_2 + 1.2 = 31.15$	$0.25 \wedge 0.6 = 0.25$
R^3			$y^3 = 0.9x_1 + 0.7x_2 + 9.0 = 18.37$	$0.25 \wedge 0.4 = 0.25$
R^4			$y^4 = 0.2x_1 + 0.1x_2 + 0.2 = 1.86$	0.4
	$x_1 = 4.5$	$x_2 = 7.6$		

T-S 模糊模型的推理过程分为 3 步：首先求出每条规则的两个输入变量分别与它们对应的隶属函数曲线的两个交点（隶属度、真值），取其较小者作为该条规则的权重（真值）；然后求出每条规则的输出值；最后由各条规则输出的加权平均求得系统的总输出。

具体推理过程如表 12.3 所示：两个输入 x_1 和 x_2 作用于 4 条规则，激活每条规则的程度是不一样的，例如规则 R^2，x_1、x_2 分别和模糊集合隶属函数曲线 $\underset{\sim}{A_1^2}$、$\underset{\sim}{A_2^2}$ 相交于 0.25、0.6，因为 $\underset{\sim}{A_1^2}$、$\underset{\sim}{A_2^2}$ 二者在规则中是与的关系，所以取它们中隶属度较小者，即 $0.25 \wedge 0.6 = 0.25$，称为规则 R^2 的真值，或称这条规则能被激活的程度为 0.25。

依次求出 4 条规则的真值后，分别对各自对应的规则输出加权，利用原教材式（2.47）就得到了对应 $x_1 = 4.5$，$x_2 = 7.6$ 两输入时，经过模糊推理后的二维 T-S 模糊系统的输出，该输出已经是精确量，无须再解模糊。

12.5.2　T-S 模糊模型的意义

T-S 模糊模型是对 Mamdani 模糊模型的局部线性化，即把后件利用线性方程描述。这样不仅可以利用成熟的线性系统控制理论来建立 T-S 模糊模型，或设计 T-S 模糊控制器，而且便于应用传统控制理论中的稳定性分析方法，如李雅普诺夫方程、线性矩阵不等式等来分析 T-S 模糊控制系统的稳定性问题。

T-S 模糊系统同样也被证明它是一个万能逼近器。仅 4 条 T-S 模糊规则构成的模糊控制器的输入/输出关系如图 12.8(原教材图 2.22)所示,为一非常复杂的非线性关系空间曲面,这正体现了扎德所指出的"用模糊条件语句(模糊规则)刻画变量间的简单关系,用模糊算法(推理算法)来刻画复杂关系"。这充分表明模糊语言系统在描述复杂系统方面具有极大的潜力。

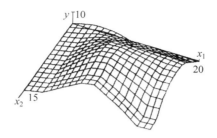

图 12.8 输入/输出空间的非线性关系

12.6 模糊控制和传统控制的结合

模糊控制器既可以单独用于控制被控对象,构成模糊控制系统,也可以与传统控制方法结合构成复合控制系统,主要包括以下形式。

(1)模糊-PID 复合控制。

(2)基于模糊推理优化参数的 PID 控制。

(3)模糊控制和其他传统控制方法的融合。

原则上,模糊控制可以和其他任何传统控制方法相结合,其中模糊控制或直接充当控制器,或用于在线优化传统控制器中的参数等。例如,模糊控制和 Smith 控制相结合,模糊控制和内膜控制相结合,模糊控制和预测控制相结合等。

12.7 自适应模糊控制

12.7.1 模糊系统辨识

1. 系统辨识的定义

对被控对象或系统建立模型一般有三种方法:一是根据机理建模;二是通过试验测量系统的输入/输出特性建模;三是对复杂对象采用系统辨识方法来建模。

当被控对象动态特性复杂时,难以通过机理和试验方法进行建模,系统辨识就是对复杂系统建模的一种方法。模糊集合的创始人扎德曾给出辨识的定义：辨识就是在系统输入和输出观测数据的基础上，从一组给定的模型中，确定一个与被识别的系统等价的模型。上述定义给出了辨识的三要素：输入/输出数据、模型类、等价准则。

2. 基于模糊关系模型的系统辨识

1）模糊关系模型的描述

模糊关系模型是指描述系统动态特性的一组模糊规则，其中模糊规则形式如下：

$$\text{IF } u(t-k)=A \text{ or } B \text{ and } y(t-l)=C \text{ or } D \text{ THEN } y(t)=E$$

其中，A 和 B 为输入空间 U 中的模糊集合；C、D 和 E 为输出空间 Y 中的模糊集合。

如果取 $k=l=1$，则该式表达的意义是根据 $t-1$ 时刻的输入/输出的测量值来预测 t 时刻输出的测量值。每一条规则都可以根据模糊集合运算规则写成如下形式：

$$E=\{u(t-k)\circ[(A+B)\times E]\}\cdot\{y(t-l)\circ[(C+D)\times E]\} \tag{12.5}$$

根据每一条规则以及已知的 $u(t-k)$ 和 $y(t-l)$，可计算出相应的一个 E。若系统的特性由 p_l 条规则描述，则模糊变量 $y(t)$ 的值可以写为

$$y(t)=E_1+E_2+\cdots+E_{p_l}$$

上述式中的符号。、$+$、$\times$、$\cdot$ 分别表示模糊集合的合成、并、直积及交运算。

若式（12.5）中的系统输入和系统输出的测量值分别为 $u(t-k)=u_i$ 和 $y(t-l)=y_j$，取它们的第 i 和第 j 个元素的隶属函数值为 1，其他因素取值为 0，则式（12.5）可简化为

$$E=\min\{\max[\mu_A(i),\mu_B(i)];\ \max[\mu_C(i),\mu_D(i)];\ \mu_E\}$$

【提示】 上述模糊关系模型的推理过程与二维模糊控制器的推理过程是相同的。

2）基于模糊关系模型的系统辨识方法

（1）对系统输入、输出测量值进行量化处理，建立输入和输出空间 U 和 Y，选择 U 和 Y 中的模糊集合 B_i 和 C_i，其隶属函数选正态分布函数。

（2）设定模糊关系模型的结构为 $[u(t-k),y(t-l),Y(t)]$ 并确定 k 和 l 的值。通过不同的 k 和 l，建立一系列模糊集合 B_i 和 C_i，通过计算机进行相关性检验来确定模型结构。

（3）确定模型结构后，建立模糊关系模型可获得一组模糊规则，对规则中重复的规则保留一条，对矛盾的或不兼容的规则进行适当的处理后得到的规则即为系统模型。

【说明】 模糊系统辨识过程很烦琐，这里要求掌握它的基本概念、基本方法。但要强调的是，对复杂系统的模糊系统辨识往往要比基于精确数学方法辨识的模型精度高。

12.7.2 自适应控制的结构及原理

为了使被控制对象按预定规律运行，采用了负反馈控制，一个自然的想法是：当控制器的控制性能不满足要求时，可采用负反馈控制思想对控制器自身进行控制，以提高改善控制性能，这就是自适应控制的基本思想。因此，自适应控制器必须同时具备两个功能：

（1）根据被控过程的运行状态给出合适的控制量，即控制功能；

（2）根据给出的控制量的控制效果，对控制器的控制决策进一步改进，以获得更好的控制效果，即学习功能。

自适应控制有两种类型：直接自适应控制与间接自适应控制。直接自适应控制原理如图 12.9（原教材图 2.26）所示，它在基本反馈控制系统基础上增加了一个自适应机构，它从原控制系统获取信号，即使在控制性能变化时能够自适应地修改控制器参数使控制性能保持不变。间接自适应控制又称自校正控制，比较复杂，很难用于实时控制。

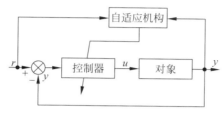

图 12.9 直接自适应控制的结构

12.7.3 自适应模糊控制的基本原理

自适应模糊控制器是在基本模糊控制器的基础上，增加了一个自适应机构，其结构如图 12.10（原教材图 2.28）所示，图中虚线框内的自适应机构包括三个功能块，它们构成了软反馈控制，控制对象正是模糊控制器本身。这样，就使原反馈控制系统增加了学习功能。图 12.10 中的控制系统中包含两个反馈：一是原控制系统的负反馈用于实现控制功能；另一个是自适应机构中的软反馈用于实现控制系统的学习功能。

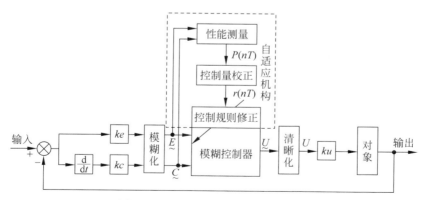

图 12.10 自适应模糊控制器的结构

12.7.4　模型参考自适应模糊控制的结构及原理

模型参考自适应模糊控制系统是将传统模型参考自适应控制系统中的自适应结构变为模糊自适应结构,其基本结构如图 12.11(原教材图 2.28)所示,包括三个组成部分。

(1) 参考模型用于描述被控对象动态特性或表示一种理想的动态模型。

(2) 被控子系统包括被控对象、前馈控制器和反馈控制器,如图 12.11 中的虚线框部分。

(3) 模糊自适应机构根据被控对象实际输出 y_p 和参考模型输出 y_m 之差 e 及其变化 $\dot{e}$ 来对前馈控制器和反馈控制器的控制参数进行调整,使得 $e = y_m - y_p \rightarrow 0$。

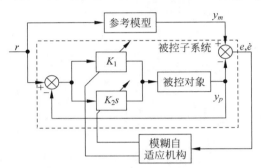

图 12.11　模型参考自适应模糊控制器的结构

模糊自适应机构的设计,既可以采用 Mamdani 模糊关系模型设计,也可以采用 T-S 模糊模型进行设计。

12.8　本章小结

本章重点内容包括模糊数学、模糊控制两大部分。其中模糊数学(又称模糊集合论、模糊逻辑系统)包括模糊集合、模糊关系、模糊推理三要素。模糊控制是模糊数学与自动控制的融合,其显著特点是使用语言变量(误差、误差变化,用模糊集合描述)作为控制系统的变量,使用模糊控制规则(由若干条模糊条件语句构成)代替传统精确描述的控制规律,根据系统输入/输出的因果关系进行模糊逻辑推理决定控制器的输出。模糊控制器的模糊逻辑推理包括模糊量化、模糊控制规则、模糊推理合成规则三要素,这也是模糊数学的三要素。例 12.6 全面复习了模糊数学的内容,例 12.7 概括了模糊控制的基本原理。模糊控制器分为 Mamdani 型模糊控制器、T-S 模糊控制器、自适应模糊控制器三种主要类型,其中 Mamdani 型模糊控制器的原理及以它为基础的查询表式、解析式模糊控制是教学的重点。

启迪思考题解答

12.1 同一论域内两个模糊集合的并、交运算分别是把两个模糊集合的对应元素取大、取小,这样的运算有何物理意义?(原教材启迪思考题 2.5)

参考答案:扎德提出使用取大算子 ∨ 和取小算子 ∧ 对两个模糊集合进行并、交运算,这样的运算是有其实际的物理意义的。例如,有两条材料相同、长度一样,但粗细不同的绳子,粗绳子为 A,细绳子为 B。显然,在同样的拉力下 B 比 A 更容易断,或者说 A 比 B 更不容易断。

如果把两条绳子 A 和 B 头尾并起来,它们不容易断的程度取决于粗绳子 A。这相当于两个模糊集合的并运算,即取大。相反,如果把两条绳子 A 和 B 串起来,它们容易断的程度取决于细绳子 B。这相当于两个模糊集合的交运算,即取小。

在工程应用中,两个模糊集合的并、交运算对于不同的对象有着不同的物理意义。

12.2 根据对隶属函数必须是凸模糊集(单峰的)的要求,试用折线形式画出隶属函数的几种类型。(原教材启迪思考题 2.4)

参考答案:模糊集合的值域是将经典集合的值域从 {0,1} 扩展到了 [0,1],隶属函数曲线是将图 12.12 中特征函数的 0 与 1 两个取值在论域 [0,1] 范围内连成的曲线。由于隶属函数曲线必须是单峰的,又要求用三段折线的形式,因此一种最基本的联结形式就是图 12.12 中的 Π 形隶属函数,以它为基础取 Π 形隶属函数曲线的左半部分,即为 S 形隶属函数;取 Π 形隶属函数曲线的右半部分,即为 Z 形隶属函数。将 Π 形隶属函数曲线上面的线段长度取为 0,即变为 ∧ 形隶属函数曲线,再将 ∧ 形隶属函数曲线围成都面积取为 0,即变为 1 形(单线形)隶属函数曲线。满足上述条件的只能有图 12.12 中的五种形式。

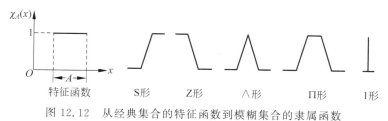

图 12.12　从经典集合的特征函数到模糊集合的隶属函数

12.3 既然模糊控制器的输入和输出都是精确量,那么为什么还要把输入的精确量变为模糊量,经过模糊推理后得到的输出模糊变量再变为精确量?(原教材启迪思考题 2.12)

参考答案:对于这个问题要从两个方面来考虑:一方面,智能控制的对象一般都是难以建立精确模型的复杂非线性对象,因此,没有精确模型,就难以应用传统的控制方法通过精确推理进行精确的控制;另一方面,模糊控制是模拟人的模糊逻辑推理的控制。人的控制规则是通过语言变量——模糊量来描述的,为了把模糊控制器输入的精确量变为模糊量就需要模糊化处理,以便和模糊控制规则合成进行模糊逻辑推理得到控制量的模糊量。因为一般执行机构需要输入精确量,所以控制量的模糊量还需要清晰化,即转换成精确量供执行机构用来驱动对象。模糊控制器通过模糊化和清晰化两个环节以进行模糊逻辑推理是手段,其目的是对缺乏精确模型的复杂非线性对象进行精确有效的控制。

第13章

神经网络控制教学重点难点设计指导

本章包括神经网络基础、控制和识别中常用的神经网络、神经网络辨识与神经网络控制三部分主要内容。其中神经网络基础是重点,要求理解人工神经元模型的结构及特性、掌握神经网络模型结构类型及神经网络的特性,重点掌握前馈网络及其误差反向传播学习算法。神经网络的训练、学习两个概念既是重点又是难点。在常用的神经网络中,重点理解前馈网络、径向基网络、反馈网络、深度网络等的结构、原理及学习算法。掌握神经网络控制的基本原理,了解神经网络和传统控制结合的主要形式及神经网络在系统中的主要功能。

13.1 神经元与神经网络基础

13.1.1 神经网络研究概述

神经网络(NN)是用计算机模拟人脑神经系统的网络结构与功能,进行信息处理的人工神经网络(ANN)的简称,又称网络。神经网络的研究经历了以下 4 个阶段。

1. 初创期(1943—1969 年,标志性成果:发明感知器,Hebb 学习规则)

1943 年,麦卡洛克(McCulloch)和匹茨(Pitts)提出了 MP 模型。

1949 年,赫布(Hebb)提出神经元学习规则。

1958 年,罗森布拉特(Rosenblatt)提出感知器模拟人脑感知和学习能力。1969 年明斯基(Minsky)等论证了感知器功能的局限性,致使神经网络研究陷入低潮。

2. 成长期(1970—1986 年,标志性成果:发明 Hopfield 网络,误差反向传播算法)

1982 年,霍普菲尔德(Hopfield)通过引入能量函数研究神经网络,使网络具有联想记忆和优化功能,这是神经网络研究史上具有里程碑意义的重要成果。

1986 年,鲁姆尔哈特(Rumelhart)和帕克(Parker)又重新发现、提出了前馈网络的反向传播算法,至今仍被广泛使用,并对研究神经网络的学习和训练产生了深远影响。

3. 发展期(1987—2005 年,标志性成果:神经网络万能逼近定理,发明卷积神经网络)

1987 年,在美国召开了第一届世界神经网络会议。美国等许多国家制订计划投入资金推动神经网络研究。

1989 年,切本科(Cybenko)和霍尼克(Hornik)等证明了神经网络万能逼近定理,这一成果为神经网络提供了强大的理论依据,推动了神经网络研究的进一步发展。1998 年,乐村等发明的卷积神经网络突破了图像识别的复杂问题。

4. 高潮期(2006 年至今,突破性成果:谷歌推出 AlphaGo Zero、OpenAI 推出 ChatGPT)

2006 年,辛顿等提出了深度信念网络及其快速训练法,同本吉奥(Bengio)及波尔特尼等的研究成果一起奠定了深度学习的基础。

2010 年,辛顿团队突破了语音识别、图像识别的关键技术。

2011 年,格洛特(Glorot)等提出的 ReLU 激活函数有效抑制梯度消失问题。

2014 年,多芬(Dauphin)等消除了笼罩在神经网络上局部极值的阴霾。

2015 年、2017 年,谷歌的 DeepMind 团队先后研发的基于深度学习的计算机围棋 AlphaGo、AlphaGo Zero 多次战胜了国际围棋大师,掀起了神经网络的研究的新浪潮。

2022 年,美国 OpenAI 研发出聊天机器人程序 ChatGPT,具有里程碑意义。

综观神经网络的研究历史,辛顿教授做出了巨大的贡献,被誉为"神经网络之父"。

13.1.2 神经细胞结构与功能

一个神经细胞的结构如图 13.1 所示,包括细胞体(细胞核、细胞质、细胞膜),树突,轴突(髓鞘、轴突末梢、突触扣结)。神经细胞又称神经元,简称为元、单元、结点。

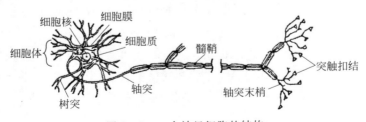

图 13.1 一个神经细胞的结构

　　细胞膜：具有选择的通透性，使神经细胞具有阈值特性，这种非线性特性使得神经元兴奋时发出的电脉冲具有突变性和饱和性，如图 13.2 所示。

　　突触：突触是一个神经元轴突末梢和另一个神经元树突或细胞体之间的微小间隙。突触起到两个神经元传递信息的"接口"的作用。突触结合强度（联结权重）根据输入和输出信号强弱能可塑性地变化，使神经元具有长期记忆和学习功能。

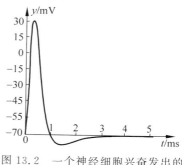

图 13.2　一个神经细胞兴奋发出的电脉冲

　　【小结】　神经细胞**三要素**的嵌套结构：细胞体（细胞核、细胞质、细胞膜）、树突、轴突（髓鞘、轴突末梢、突触扣结）。

13.1.3　人工神经元模型

　　神经元是一个多输入单输出的信息处理单元。一个人工神经元形式化结构模型如

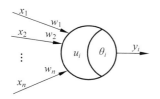

图 13.3　人工神经元形式化结构模型

图 13.3 所示，其中 $x_1, x_2, \cdots, x_n$ 为输入信号；$w_1, w_2, \cdots, w_n$ 为对应各输入信号的联结权重；θ_i 为神经元 i 的兴奋阈值；u_i 为神经元 i 的膜电位；y_i 为神经元 i 的输出，它是 u_i 的非线性函数，称为输出函数或激活函数，如图 13.4 所示。

　　图 13.4 中常用的输出函数均为非线性函数，都具有突变性和饱和性两个显著特征，这正是模拟神经细胞兴奋产生神经冲动性和疲劳特性。除上述激活函数外，还有一些新的非线性函数，如 tanh、softplus、ReLU 等。

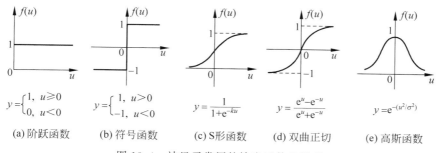

$$y=\begin{cases}1, & u\geqslant 0\\ 0, & u<0\end{cases}$$

(a) 阶跃函数

$$y=\begin{cases}1, & u>0\\ -1, & u<0\end{cases}$$

(b) 符号函数

$$y=\frac{1}{1+e^{-ku}}$$

(c) S形函数

$$y=\frac{e^u-e^{-u}}{e^u+e^{-u}}$$

(d) 双曲正切

$$y=e^{-(u^2/\sigma^2)}$$

(e) 高斯函数

图 13.4　神经元常用的输出函数的类型

13.1.4　神经网络的特点

　　神经网络是由大量的神经元通过突触联结成网络的。根据联结方式的不同，网络的拓

扑结构有 **3** 种形式：**层状结构、网状结构和混合结构**。神经网络具有以下特点：

（1）具有分布式存储信息的特点，一个信息不只是存储在一个地方，而是分布存储在不同的位置。这使得神经网络具有容错能力。

（2）对信息的处理和推理具有并行的特点。

（3）对信息的处理具有自组织、自学习的特点。

（4）具有从输入到输出的非常强的非线性映射能力，具有万能逼近的特点。

在神经网络的上述 4 个特点中，（1）和（2）两个特点可从原教材中图 3.5 的例子中得到验证。特点（3）在后续的神经网络无监督学习算法可以得到验证。特点（4）在原教材 3.3.1 节中给出了证明。

【注释】 自组织：1969 年，普利高津提出耗散结构理论，标志自组织理论的创立。主要研究的对象是复杂自组织系统（生命系统、社会系统等）的形成与机制问题，即在一定条件下，系统是如何自动地由无序走向有序，由低级有序走向高级有序的。一个系统在无外界强迫的情况下系统内部自发形成的有序行为称为自组织。

13.1.5 神经网络的结构模型

1. 前馈神经网络

前馈神经网络是层状网络，如图 13.5（原教材图 3.6）所示为一个包含输入层、隐层和输出层的三层网络，只有前后相邻两层之间神经元相互联结，各神经元之间没有反馈。每个神经元可以从前一层接收多个输入，并只有一个输出给下一层的各神经元。

2. 反馈神经网络

如图 13.6（原教材图 3.7）所示，反馈神经网络指从输出层到输入层有反馈，每一个结点同时接收外来输入和来自其他结点的反馈输入，也包括神经元输出信号返回到本身输入构成的自环反馈。

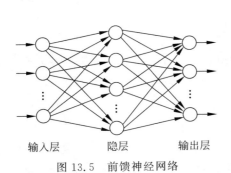

图 13.5　前馈神经网络

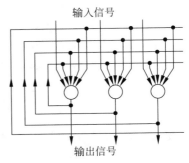

图 13.6　反馈神经网络

3. 网状网络

如图 13.7(原教材图 3.8)所示,网状网络中各个神经元都可能相互双向联结,所有神经元既作输入也作输出。在某一时刻从神经网络外部施加一个输入,各个神经元一边相互作用,一边进行信息处理,直到网络所有神经元的活性度或输出值收敛于某个平均值信息处理才结束。

4. 混合型神经网络

如图 13.8(原教材图 3.9)所示,在前馈网络的同一层间神经元有互联的结构,称为混合型网络。这种在同一层内的互联,目的是限制同层内神经元同时兴奋或抑制的神经元数目,以完成特定的功能。

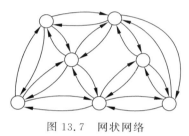

图 13.7 网状网络

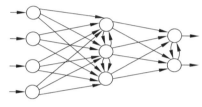

图 13.8 混合型网络

13.1.6 神经网络的训练与学习

如图 13.9(原教材图 3.10)所示,神经网络的训练指对神经网络输入样本数据,通过教师示教和监督调整神经网络的联结权重,直到得到神经网络期望的输入/输出关系为止,这样的过程称为对神经网络的训练,又称为神经网络有监督的学习。

神经网络的学习通常是指无监督的学习,这种学习方式是依靠某种学习算法在设定的权重初值的情况下,自动反复地调整联结权重,直到网络的输出误差小于允许的误差为止。

神经网络经过输入/输出样本数据的训练并满足期望的输入/输出关系后,当有偏离输入样本数据输入神经网络时,神经网络仍能保持期望的输入/输出映射关系的能力,称为神经网络的泛化能力。

通过改变神经网络的结构和参数,从而改变网络的规模大小,使它更适合于某个问题的求解,例如增加、减少网络层数或某层神经元个数的过程,称为神经网络的生长、修剪。

13.1.7 神经网络的学习规则

【重点】 教学重点是联想式学习的 Hebb 规则、误差传播式学习。

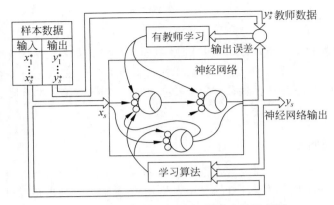

图 13.9   神经网络的训练与学习过程示意图

【难点】 强化学习和深度学习是难点,但不作为重点,主要介绍基本概念、思想方法。

1. 联想式学习——Hebb 规则

从神经元 u_j 到神经元 u_i 的联结权重变化 ΔW_{ij} 和神经元 u_i 的活性度 a_i、神经元 u_j 的输出 $\bar{y}_j$ 及学习率 η 成正比,即

$$\Delta W_{ij} = \eta a_i \bar{y}_j \tag{13.1}$$

上述规则称为 Hebb 规则,它的思想基础是联想。

2. 误差传播式学习

将 u_i 的活性度 a_i 理解为神经元 u_j 的实际输出 $\bar{y}_j$,教师信号作为期望输出,期望输出 d_i 与实际输出 $\bar{y}_j$ 的差值称为误差 $\delta = d_i - \bar{y}_j$,则

$$\Delta W_{ij} = \eta \cdot \delta \cdot \bar{y}_j \tag{13.2}$$

3. 概率式学习

概率式学习是从系统稳态能量的标准出发,进行神经网络学习的方式。在这种神经网络的训练过程中,根据下述规则对神经元 i 与 j 间的联结权重进行调整:

$$\Delta W_{ij} = \eta (p_{ij}^+ - p_{ij}^-) \tag{13.3}$$

其中,η 为学习率;p_{ij}^+、p_{ij}^- 分别是 i 与 j 两个神经元在系统中处于 α 状态和自由运转状态时实现联结的概率。

4. 竞争式学习

对不同层间的神经元以及同一层内距离很近的神经元间发生兴奋性联结,而距离较远的神经元产生抑制性联结的学习方式,称为竞争式学习。竞争式学习的本质特征在于高层

次的神经元对低层次神经元输入模式进行竞争式识别。

设 i 为输入层某单元，j 为获胜的特征识别单元，则它们之间的联结权重变为

$$\Delta W_{ij} = \eta (C_{ik}/nk - W_{ij})$$

（13.4）

其中，η 为学习率，C_{ik} 为外部刺激 k 系列中第 i 项刺激成分，nk 为 k 激励输入单元的总数。

5. 强化学习

强化学习（RL）源于行为主义对感知-行动的模拟。如图 13.10（原教材图 3.12）所示，智能体对环境感知的当前状态为 s，选择动作 a 执行。环境给智能体动作一个反馈信号作为相应的奖赏 r，使智能体转移到新的状态 s'。智能体根据奖励调整策略，对新的状态做出新的决策，以有效地适应环境。这种适应环境的行为便是学习，智能体通过最大化累积奖赏的方式学习到最优策略。

一个强化学习系统，除了智能体和环境，还包括策略、奖赏函数、值函数及环境模型。策略（决策函数）规定了智能体在每个可能的状态应该采取的动作集合；奖赏函数是智能体在与环境的交互中，对所产生动作的好坏所作的一种评价；值函数（评价函数）是从长远的角度来考虑一个状态（状态-动作）的好坏。

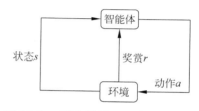

图 13.10　强化学习（RL）的基本原理

强化学习有两种形式：一种是基于值函数的强化学习方法，它需要先求出值函数，再根据值函数来选择价值最大的动作执行；另一种基于策略梯度的强化学习方法，它是一种直接逼近策略，不断优化策略，最终得到最优策略的方法。强化学习是一种无监督的学习方法，在识别、决策、控制、优化等领域有重要应用。

6. 深度学习

深度学习（DL）是为解决具有很多隐层的深度神经网络训练困难问题而提出的，该方法把深度网络的训练过程分为预训练和调优两个阶段。

预训练过程首先从网络底层开始，自下而上地采用无监督学习方式逐层进行训练，利用数据每次训练一个单层网络参数，这一层的输出作为上一层的输入，直到所有的层都训练完为止。预训练过程实际上是对网络各层神经元联结权重的初始化。

调优阶段是在预训练完成之后，将除最顶层外的其他层间的权重变为双向，这样最顶层仍然是一个单层神经网络。再用监督学习去调整所有层间的权重，使网络参数进一步优化。

7. 深度强化学习

深度强化学习（DRL）原理如图 13.11（原教材图 3.13）所示，它是将深度学习的感知能力和强化学习的决策能力相结合的学习方法，可以在复杂高维状态空间中实现端到端的感

知决策。具体学习过程如下：

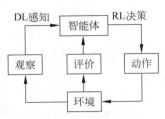

图 13.11   深度强化学习原理图

（1）每个时刻智能体在与环境交互中，得到一个高维度的观察，并利用深度学习方法来感知观察，以得到具体的状态特征表示。

（2）基于预期回报来评价各动作的价值函数，并通过某种策略将当前状态映射为相应的动作。

（3）环境对此动作做出反应，并得到下一个观察。

通过不断循环上述过程，最终可以获得实现目标的最优策略。

深度强化学习也分为基于值函数的深度强化学习和基于策略梯度的深度强化学习两类。

13.2   控制和识别中常用的神经网络

控制和识别中常用的神经网络的结构功能、训练方法与学习算法在表 13.1 给出了概括的总结。下面就对作为重点内容的前馈神经网络、深度神经网络以及其他网络的特点加以进一步说明。

13.2.1   感知器

感知器是 1957 年由罗森布拉特提出的，它由加权加法计算单元和阈值单元组成，具有学习功能。一个神经元就是单个神经元感知器，如图 13.3 所示。如果一层有 n 个神经元且每个神经元都同时接收 n 个外来输入，那么就是由 n 个神经元构成的单层感知器网络。

单层感知器的信息处理规则如下：

$$y(t) = f\left[\sum_{i=1}^{n} W_i(t)x_i - \theta\right] \tag{13.5}$$

其中，$y(t)$ 为 t 时刻的输出；f 为阶跃函数；W_i 为神经元第 i 个输入的加权；x_i 为输入向量的一个分量；θ 为阈值。感知器的学习规则如下：

$$W_i(t+1) = W_i(t) + \eta[d_i - y(t)]x_i \tag{13.6}$$

其中，$W_i(t)$ 为 t 时刻第 i 个输入的加权；η 为学习率 $0<\eta<1$；$y(t)$ 为 t 时刻的输出；x_i 为输入向量的一个分量。

上述的单层感知器输出是一个二值量，因此它只适用于线性可分模式，而对不满足线性不可分条件的问题则不能正确分类。

表 13.1　控制和识别中常用的神经网络的结构功能、训练方法与学习算法简表

类　别	神经网络结构模型	网络结构形式及功能	训练方法与学习算法	主要用途
前馈网络	（输出层、隐层、输入层）	前馈网络（前向网络）是一种层状网络，又称 BP 网络，包含输入层，隐层（一层或多层），输出层。相邻层间神经元无联结，各神经元之间没有反馈，它是一种静态网络	误差反向传播学习算法（BP 算法）实质是沿着输出和信息从输入再到隐层以梯度传递反向取网络误差平方和使网络目标函数达到最小值	全局逼近网络，主要用于识别和识别
径向基神经网络	（输出层、隐层（径向基层）、输入层，$y_1 \cdots y_m$，$x_1, x_2 \cdots x_n$）	RBF 网络是层状网络，包含输入层、隐层（径向基层）、输出层。径向基层通过核函数完成从输入到输出的非线性变换，输出层采用线性加权对输入激活信号进行响应	第一阶段非监督学习，采用 K-均值聚类算法决定隐层 RBF 的中心和方差；第二阶段监督学习，采用最小二乘法计算隐层到输出层的权重	函数优化，时序分析，模式识别信息处理，图像处理

续表

类　别	神经网络结构模型	网络结构形式及功能	训练方法与学习算法	主要用途
反馈网络	($S_1, S_2, \dots, S_{n-1}, S_n$；结点 $1, 2, \dots, n-1, n$；$\theta_1, \theta_2, \dots, \theta_{n-1}, \theta_n$)	Hopfield 网络是有网状反馈网络，具有网状结构，有离散和连续两种形式。从输出层到层有有反馈，一个结点同时接收外来输入和来自其他结点的反馈输入以及自身输入的自反馈，是一种动态网络	Hopfield 网络的联想记忆分为两个阶段，再按动力学规则改变神经元输出状态，直至结点输出状态不变，迭代结束。Hebb 规则调整权重使样本成为吸引子	离散网络用于组合优化和识别，连续网络用于函数优化
小脑模型神经网络	(P、Y、输出、Σ、g、M、物理存储空间、R 随机映射、A、C 点、概念化存储空间、f、S、S_1、S_2、S_3、输入状态空间)	CMAC 网络是由多种映射构成的网络结构，模拟小脑皮层神经系统感受信息、处理信息、存储信息，通过联想利用信息协调运动的功能，CMAC 网络是一种智能查表技术，是一种局部逼近网络	CMAC 网络是有教师的学习算法，学习过程根据实际输出与期望输出的误差来更新存储单元权重，误差被平均分配到所有存储单元	用于机器人实时控制、模式识别、自适应控制等

续表

类别	神经网络结构模型	网络结构形式及功能	训练方法与学习算法	主要用途
大脑模型神经网络		Kohonen网络是一个完全相互联结的神经元组成的二维点阵结构。它通过邻近的两个神经元互相激励而兴备，较远的相互抑制的相互作用和相互竞争，模拟大脑神经系统自组织特征映射功能	对于网络输入只调整局部分权重，使权向量更接近或更偏离输入向量。这一调整过程就是竞争学习。不断学习，所有权向量相互分离，各自代表一类模式	具有无教师学习特点。用于智能机器人控制，模式识别系统等
受限Boltzmann机(RBM)		受限Boltzmann机是把Boltzmann机同层之间的神经元相互联结取消，变为两层内的神经元互相无联结的网络。同一层神经元的网络，一层为可视作输入层，另一层为隐层作输出层	采用对比分歧快速算法对参数最大似然求解，仅使用一步Gibbs采样，取一个训练样本，用正梯度和负梯度的差更新权重，就能得到足够好的近似解	降维，分类，特征协同过滤，特征学习，主题建模等

续表

类别	神经网络结构模型	网络结构形式及功能	训练方法与学习算法	主要用途
深度信念网络		深度信念网络（DBN）是由若干个RBM堆叠而成，上一个RBM的隐层作为下一个RBM的可视层，上一个RBM的输出作为下一个RBM的输入，直到最后一层分类层构成	RBM训练分为预训练和调优两个阶段：从低到高逐层采用无监督算法进行预训练，完成网络参数初始化；再用传统学习算法对网络参数进行调优，进一步优化参数	特征识别，特征分类，数据构造等
卷积神经网络		卷积神经网络（CNN）是多层前馈网络。LeNet5除输入层外，包括3个卷积层，2个池化层，1个全联结层和输出层。卷积层用于提取图像特征，池化层用于下降维，全联结层作为分类器，输出层给出图像在各类别下的预测概率	利用链式求导计算损失函数对每个权重的偏导数，然后根据梯度下降公式更新权重。训练算法依然是反向传播算法。每次训练中随机忽略一半的特征点来防止过拟合	图像识别，人脸识别，自然语言处理，计算机视觉，计算机学习等

图中标注：关联记忆层；标注单元；输出层；第N隐层；第二隐层；隐层；可视层；最低层RBM；输入信号

INPUT 32×32；C1:feature maps 6@28×28；S2:f.maps 6@14×14；C3:f.maps 16@10×10；S4:f.maps 16@5×5；C5:layer 120；F6:layer 84；OUTPUT 10；卷积；子采样；卷积；子采样；卷积；全联结层；输出层

续表

类　别	神经网络结构模型	网络结构形式及功能	训练方法与学习算法	主要用途
循环神经网络		循环神经网络(RNN)是具有环路结构的动态神经网络。输出层是一个全联结层，每个结点都和隐结点相连，因此具有过去信息记忆功能	BPTT学习算法将RNN视为一个展开的多层前馈网络，其中每一层对应每个时刻，即为随时间反向传播算法	自然语言处理、语音识别、机器翻译等

13.2.2 前馈神经网络

前馈神经网络(前向网络、BP 网络)是神经网络中最基本、最重要的一类网络,不仅许多重要网络(如径向基网络、深度神经网络等)的结构都是以它为基础演化出来的,而且它的误差反向传播学习算法也是许多网络训练的基础。因此,BP 网络在神经网络中的地位不亚于 PID 控制在控制领域的地位。

掌握前馈神经网络的误差反向传播算法(BP 算法)是学习神经网络的一个重点内容,教学过程中务必要把 BP 算法基本思想、实现步骤、算法改进及 BP 算法重要意义讲清楚。

1. BP 网络的误差反向传播算法

误差反向传播算法(BP 算法)是在 Hebb 学习规则的基础上提出的。为了训练 BP 网络,必须调整每个神经元的权重,以减小期望输出与实际输出间的误差。误差由输出层逐层反向传至输入层,再正向经隐层逐层传至输出层,然后再由输出层逐层反向传至输入层,如此循环,直到输出误差趋于零或在允许范围内学习过程结束。为此,必须计算每个权重变化时误差的变化,即误差导数,BP 算法是一种确定误差导数的最有效的方法。BP 算法的实质是以梯度法求取网络误差平方和使目标函数达到最小值。

2. BP 算法的意义及其改进

BP 算法实质上是把一组样本输入/输出问题转化为一个非线性优化问题,并通过梯度算法利用迭代运算求解权重问题的一种学习方法。前馈神经网络是一个静态网络,是一个静态非线性映射,通过简单的非线性处理单元的复合映射,可获得复杂的非线性映射。已经证明,具有 Sigmoid 非线性函数的三层神经网络能够以任意精度逼近任何连续函数。但 BP 算法尚存在以下缺点:

(1) 由于采用非线性梯度优化算法,易形成局部极小而得不到整体最优。

(2) 算法迭代次数过多,致使学习效率低,收敛速度慢。

(3) BP 网络无反馈联结,影响信息交换速度和效率。

(4) 网络的输入结点、输出结点由问题而定,但隐结点的选取根据经验,缺乏理论指导。

(5) 在训练中学习新样本有遗忘旧样本的趋势,且要求每个样本的特征数目要相同。

针对 BP 算法的缺点,提出了许多改进方法,如变步长、增加惯性因子、修改激活函数等。

13.2.3 径向基神经网络

径向基神经网络和三层前向网络相似,包括输入层、隐层(径向基层)和输出层(线性层),如图 13.12(原教材图 3.15)所示。但每一层的作用与前向网络不同,输入层由信号源结点组成,仅起到传递输入信号到隐层的作用,可将输入层和隐层之间看作权重为 1 的联结。隐层的每个神经元实现径向基核函数(RBF)完成从输入层到隐层的非线性变换。各个RBF 只对特定的输入有反应。输出层采用线性优化策略对线性权重进行调整,完成对输入层激活信号的响应。

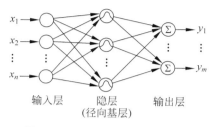

图 13.12　RBF 神经网络的结构

径向基函数通常采用高斯函数,因此径向基神经网络学习算法需要求解高斯核函数的中心、宽度及隐层到输出层的权重。根据对径向基函数中心选取方法不同,提出了多种径向基网络学习算法。常用的算法首先采用非监督学习,利用 K-均值聚类法决定核函数的中心和方差,然后采用监督学习,利用最小二乘法计算隐层到输出层的权重。

13.2.4　Hopfield 网络

Hopfield 网络是 1982 年由霍普菲尔德提出的一种典型的反馈网络,由于具有反馈并引入了能量函数,因此它是一种动态网络,是一个非线性动力学系统,有丰富的动力学行为,因而具有联想记忆功能。

1. Hopfield 网络模型

Hopfield 网络分为离散和连续两种类型。图 13.13(原教材图 3.16)为离散 Hopfield 网络结构,其中包含 n 个神经元。S_i 为第 i 神经元的或为 0 或为 1 的状态;θ_i 为阈值。

Hopfield 网络模型的基本原理是:只要由神经元兴奋的算法和联结权重所决定的神经元的状态,在给定的兴奋模式下尚未达到稳定状态,那么该状态就会一直变化下去,直到预先定义的能量极小时,状态才达到稳定而不再变化。

【类比】　在 Hopfield 网络中,每个神经元处理信息的过程,就好像在满员的电车中拥挤的乘客一样,最初大家以不自然的姿势拥挤着,逐渐地以较安定的姿势稳定下来的过程。这相当于 Hopfield 网络由高能状态进入低能状态的稳定过程。需要指出的是,拥挤的乘客们必须随机异步地移动,才能逐渐达到不拥挤的稳定状态。有关 Hopfield 网络的稳定性定理指出,各神经元随机异步地改变状态,网络一定能收敛到稳定状态。

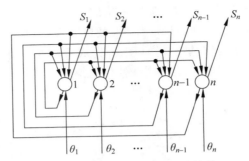

图 13.13 离散 Hopfield 网络结构

2. Hopfield 网络的联想记忆功能

Hopfield 网络引入了能量函数后,在一定条件下,总是朝着能量减小的方向变化,最终达到能量函数的极小值。如果把这个极小值所对应的模式作为记忆模式,那么以后当给这个网络一个适当的激励时,它就能成为回想起已记忆模式的一种联想记忆装置。

Hopfield 网络的联想记忆过程分为学习阶段和联想记忆阶段。

学习阶段:在给定样本条件下,按照 Hebb 学习规则,调整联结权重使得存储的样本成为动力学吸引子的过程就是学习(动力学吸引子是指非线性动力学系统在相空间中,当 $t \to \infty$ 时,所有轨迹线都趋于一个不动点集)。

联想记忆阶段:在已调整好权重不变的情况下,给出部分不全或受了干扰的信息,按照动力学规则改变神经元的状态,使系统最终收敛到动力学的吸引子。

Hopfield 网络模型的动力学规则是指若网络结点在 $S(0)$ 初始状态下,经过 t 步运行后将按下述规则达到 $S(t+1)$ 状态,即

$$S_j(t+1) = \mathrm{sgn}\left[\sum_{j=1}^{n} W_{ij} S_i(t) + I_i\right] \tag{13.7}$$

其中,sgn 为符号函数;W_{ij} 为神经元 i 与 j 间的联结权重;I_i 为神经元 i 的偏流。

3. Hopfield 网络联想记忆学习算法

在偏流 I 为零的情况下,Hopfield 网络学习算法的具体步骤如下。

(1) 按照 Hebb 规则设置权重:

$$W_{ij} = \begin{cases} \sum_{m=1}^{n} x_i^m x_j^m, & i \neq j, \quad i,j=1,2,\cdots,n \\ 0, & i=j \end{cases} \tag{13.8}$$

其中,W_{ij} 为结点 i 到 j 间的联结权重;x_i^m 表示样本集合 m 中的第 i 个元素,$x_i \in \{-1,+1\}$。

（2）对未知样本初始化：

$$S_i(0) = x_i, \quad i = 1, 2, \cdots, n \tag{13.9}$$

其中，$S_i(t)$ 是 t 时刻结点 i 的输出；x_i 是未知样本的第 i 个元素。

（3）迭代计算：

$$S_j(t+1) = \text{sgn}\left[\sum_{i=1}^{n} W_{ij} S_i(t)\right], \quad j = 1, 2, \cdots, n \tag{13.10}$$

直至结点输出状态不改变时，迭代结束。此时结点的输出状态即为未知输入最佳匹配的样本。

（4）返回第（2）步继续迭代。

4. Hopfield 网络的优化计算

Hopfield 网络用于优化问题计算与用于联想记忆的计算过程是对偶的。在解决优化问题时，权重矩阵已知，目的是求取最大能量的稳定状态。通过将能量函数和代价函数相比较，求出能量函数中权重和偏流，并以此去调整相应的反馈权重和偏流，进行迭代计算，直到系统收敛到稳定状态为止。最后将所得到的稳定状态变换为实际优化问题的解。

13.2.5　小脑模型神经网络

1975 年，Albus 提出了小脑模型关联控制器（Cerebellum Model Articulation Controller，CMAC），本书将之称为小脑模型神经网络。CMAC 网络模拟小脑皮层神经系统感受信息、处理信息、存储信息，并通过联想利用信息协调运动的功能。这是通过多个映射实现的，如图 13.14（原教材图 3.17）所示。

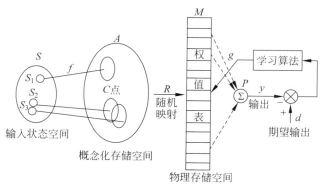

图 13.14　CMAC 神经网络的结构

第一个映射是从输入状态空间 S 到概念存储器 A，对相近的输入映射到 A 中有一定的重合，而不相近的输入在 A 中也相距较远；第二个映射是从概念存储器 A 到物理存储器 M

多对一的随机映射,得到与输入量相应的物理地址为

$$p_j = P(v_j), \quad j = 1, 2, \cdots, g \tag{13.11}$$

其中,P 为一种以散列编码构成的映射。由得到的 p_j 再通过输出权重值表获得相应的权重为

$$W_j = W(p_j) \tag{13.12}$$

输出为

$$y = \sum_{j=1}^{g} W_j \tag{13.13}$$

在训练过程中,如果网络输出 y 与期望输出 d 不同,则权重修正为

$$W_j(K+1) = W_j(K) + \beta \left(d - \sum_{j=1}^{m} W_j \right) / g \tag{13.14}$$

其中,β 为学习因子($\beta \leq 1$);g 为推广能力,其值越大,相邻输入的共同虚地址越多,则 CMAC 的泛化能力越强。

【小结】 CMAC 网络是一种通过多种映射实现联想记忆网络,这种映射实质上是一种智能查表技术。CMAC 网络也是一种局部逼近网络,它能实现无监督学习,具有在线学习能力,不仅学习速度快,而且精度高,可以处理不确定性知识。CMAC 网络在实时控制,尤其在机器人实时控制领域有着广泛的应用。

13.2.6 大脑模型自组织神经网络

1987 年,Kohonen 提出了大脑模型自组织神经网络(简称为 Kohonen 网络)。在大脑皮质中,神经元之间信息交互的共同特征是最邻近的两个神经元互相激励而兴奋,较远的相互抑制,更远的又是弱激励,这种局部作用的交互关系形成一个墨西哥草帽形状的分布关系,如图 13.15(原教材图 3.19)所示。

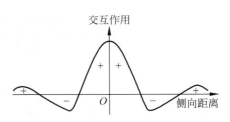

图 13.15 侧向交互作用的关系

1. 网络的结构与功能

Kohonen 网络是一个由完全相互联结的神经元组成的二维点阵网络,如图 13.16(原教材图 3.20)所示。在网络的一定邻域内各神经元之间存在交互侧向反馈作用。每个神经元的输出都是网络中其他神经元的输入,而每个神经元又都有相同的输入形式。网络中有两种联结权重:一种是神经元对外部输入做出反应的联结权重;另一种是神经元之间的联结权重,它控制着神经元之间交互作用的大小。

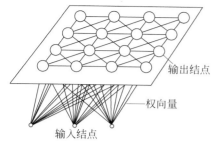

图 13.16　Kohonen 网络的二维点阵

2. 网络的学习规则

　　Kohonen 网络是一种竞争式学习网络，学习中能无监督地进行自组织自学习。当外部输入模式出现后，网络中的所有神经元都同时工作，它们之间的联结权向量试图模仿输入信号，实现网络自组织的目标。这一自组织学习过程包括采用竞争机制选择最佳匹配神经元和权向量自适应更新两个过程。

　　1）选择最佳匹配神经元

　　当输入向量 $\boldsymbol{X}$ 与神经元 i 获得最佳匹配时，它们之间的欧氏距离为最小：

$$\|\boldsymbol{X}-\boldsymbol{W}_c\|=\min_i\|\boldsymbol{X}-\boldsymbol{W}_i\| \tag{13.15}$$

其中，c 是处于神经元不断交互作用所形成输出分布的中心。$\|\boldsymbol{X}-\boldsymbol{W}_c\|$ 的最小值确定了神经元 c 在竞争中获胜。当网络训练好之后，如果同样的输入模式出现时，某个神经元就兴奋起来，表示该神经元已经认识了这个模式。

　　2）权向量的自适应更新过程

　　如图 13.17（原教材图 3.21）所示，当某一输入与被选神经元 j 的权重 $\boldsymbol{W}_j$ 有差异时，除该权重被修正外，被选神经元的邻域 N_j 中的其他神经元也将根据它们的误差以及按照距离的大小作适当的调整，越靠近 j 的神经元调整得越多。这样形成的邻域关系使得输入模式相近时，对应的神经元在位置上也靠近。

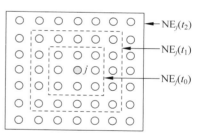

图 13.17　被选神经元 j 及邻域变化
$$(t_0<t_1<t_2)$$

3. Kohonen 网络学习算法的实现步骤

　　（1）在 n 个输入到 m 个输出结点间随机赋予任意小的权重，并设定邻域的初始半径如图 13.17 所示。

　　（2）给定新的输入信号。

　　（3）计算输入到各输出结点 j 之间的距离

$$d_j=\sum_{i=0}^{n-1}\left[x_i(t)-W_{ij}(t)\right]^2 \tag{13.16}$$

　　（4）对于所有结点 i，选择 $d_{j^*}=\min d_j$ 的结点 j^* 作为输出结点。

　　（5）对结点 j^* 和邻域内 $\mathrm{NE}_j(t)$ 所有结点按下式更新权重，其他结点保持不变。

$$W_{ij}(t+1)=W_{ij}(t)+\eta(t)\left[x_i(t)-W_{ij}(t)\right] \tag{13.17}$$

其中，$j\leqslant\mathrm{NE}_j(t),0\leqslant i\leqslant n$；$\eta(t)$ 是自适应学习率，它随时间缓慢减小，$0\leqslant\eta(t)<1$。

　　（6）满足终止条件，则结束；否则返回第（2）步重复计算。

【小结】 Kohonen 网络是模拟大脑神经系统自组织映射功能的神经网络,它是一种由完全相互联结的神经元组成的二维点阵网络,能无监督地进行竞争式学习。由 Kohonen 网络和其他形式网络组合,可以形成一大类神经网络,这类网络具有无监督学习的特点,可用于智能机器人控制、模式识别等系统。

13.2.7 Boltzmann 机

1985 年 Hinton 等提出的 Boltzmann 机是一种随机神经网络,它是基于统计物理学模拟退火过程的神经网络模型。在退火过程的每一步,随机地改变原子的位置,导致整个系统能量改变 ΔE。若 $\Delta E < 0$,则该原子就会处于新的位置;否则,该原子的位置可能不变或可能变到新的位置,而其改变的概率按 Boltzmann 分布变化。

Boltzmann 机是一个结点间相互联结的神经网络模型,其主要特点是隐结点间具有相互结合的关系,每个神经元都根据自己的能量差 ΔE_i 随机地改变自己或为 1 或为 0 的状态,而单元 i 状态为 1 的概率服从 Boltzmann 分布,

$$P_i(\Delta E_i) = \frac{1}{1 + e^{-\Delta E_i/T}} \tag{13.18}$$

其中,T 为温度参数。当 $T > 0$ 时,P_i 函数趋于阶跃函数;当 T 很大时,两种状态近于各半,而能量差为

$$E_i = E(S_i = 1) - E(S_i = 0) \tag{13.19}$$

假设网络的联结权重是对称的,引入能量函数

$$E = -\frac{1}{2}\sum_{i \neq j} W_{ij} S_i S_j \tag{13.20}$$

其中,S_i 是输入层、隐层和输出层中所有单元的状态。当系统达到平衡时,能量函数达到极小值,可以证明 Boltzmann 机是收敛的。

Boltzmann 机学习算法使用梯度下降法来计算权重,虽然这种算法可以避免局部最小,但这种获得全局最小的收敛速度很慢,这是其不足。但常通过 Boltzmann 机与其他智能优化方法相结合来改善其全局收敛性能。

【注释】 退火是将固体金属高温加热至熔解后,所有原子都处于高能的自由度运动状态。随着温度的下降,原子的自由运动减弱,物体能量降低。只要在凝结温度附近,当温度下降足够慢时,原子排列就越来越规整,而形成结晶。这一过程称为退火过程。退火的目的是消除系统内可能存在的非均匀状态,有助于提高金属零件或制品的力学性能。

13.2.8 深度神经网络

1. 深度神经网络的结构

深度神经网络(DNN)是多层(4 层以上)前向网络的总称。一般第一层是输入层,最后

一层是输出层,输出层神经元可以有多个输出,可以灵活地应用于分类、回归、降维和聚类等。在输入层和输出层中间的都是隐层,层与层之间是全联结的,即第 i 层的任意一个神经元一定与第 $i+1$ 层的任意一个神经元相联结。所谓深度,是指从输入层到输出层之间所包含的隐层数目,可以达十几层甚至更多。

已经证明,含有一个隐层的三层前向网络可以逼近任意的非线性函数,采用足够多的隐层和隐结点可以提高逼近精度。此外,采用多隐层结构可以用较少的参数来表示更复杂的函数,增强了模型的表达能力。

2. 深度神经网络的激活函数

深度神经网络的激活函数采用 sigmoid、tanh、softplus 等,其函数曲线如图 13.18 所示。为了提高网络模型的表达力,激活函数通常具有非线性;为了方便求梯度,应具有可微性;为使损失函数为凸函数,应具有单调性。

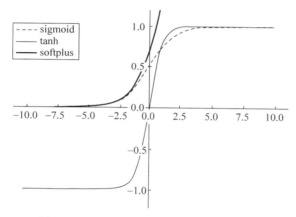

图 13.18　sigmoid、tanh、softplus 函数曲线

3. 深度神经网络的学习算法

1) 深度神经网络的前向传播算法

从输入层开始,利用输入向量 $\boldsymbol{X}$,若干个权重系数矩阵 $\boldsymbol{W}$ 和偏置向量 $\boldsymbol{b}$,进行一系列线性运算和激活运算,利用上一层的输出计算下一层的输出,一层层地向后计算,一直到运算在输出层得到输出结果。

2) 深度神经网络的反向传播算法

反向传播算法的学习过程由正向传播和反向传播组成。在正向传播过程中,输入信息通过输入层,经隐层逐层处理并传向输出层。如果在输出层得不到期望的输出值,则取输出结果与样本标签误差的平方和作为目标函数,转入反向传播,通过对损失函数用梯度下降法进行迭代优化求极小值,找到合适的输出层和隐层对应的线性系数矩阵 $\boldsymbol{W}$ 和偏置向量 $\boldsymbol{b}$,网络的学习在权值修改过程中完成,误差达到所期望的值时,网络学习结束。

3)梯度消失和梯度爆炸

在反向传播算法中,后层的梯度以连乘方式叠加到前层,当神经网络中的激活函数为S形激活函数时,由于其饱和特性,在输入达到一定值时,输出就不会发生明显变化,其导数逐渐趋近于 0。使用梯度进行参数更新时,会出现梯度消失和梯度爆炸两种情况。

如果连乘的数字在每层都是小于 1 的,则梯度越往前乘越小,误差梯度反传到前层时几乎会衰减为 0。因此无法对前层的参数进行有效的更新学习,从而导致出现梯度消失问题。梯度消失使隐层的参数随着迭代的进行几乎没有大的改变,甚至不会收敛,因此无法通过加深网络层数来改善神经网络的预测效果。

如果连乘的数字在每层都是大于 1 的,则梯度越往前乘数越大,从而导致出现梯度爆炸问题。梯度爆炸会使网络权重的大幅更新,引起网络不稳定,在极端情况下,权重的值变得非常大,以至于溢出,导致出现一些特殊数值、无穷或非数值。

4)深度网络激活函数的选择

在深度神经网络中,采用 sigmoid 和 tanh 激活函数均需要计算指数,不仅复杂度高,而且 S 形激活函数在反向传播时容易出现梯度消失问题。而采用 ReLU 激活函数只需要一个阈值就可得到激活值,而且 ReLU 的非饱和性可以有效地解决梯度消失的问题,提供相对宽的激活边界。此外,ReLU 的单侧抑制特性会使一部分神经元的输出为 0,提供了网络的稀疏表达能力,并且减少了参数的相互依存关系,可以缓解过拟合。

在训练过程中使用 ReLU 激活函数会导致神经元不可逆死亡。因为函数会导致负梯度在经过该 ReLU 单元时被置为 0,且在之后也不被任何数据激活,即流经该神经元的梯度永远为 0,不对任何数据产生响应。在实际训练中,如果学习率设置得较大,会导致超过一定比例的神经元不可逆死亡,进而参数梯度无法更新,整个训练过程失败。

为解决训练过程中会导致神经元死亡的问题,将 ReLU 改进为 LReLU(Leaky ReLU),其形式如下:

$$f(x) = \begin{cases} z, & z > 0 \\ az, & z \leqslant 0 \end{cases} \tag{13.21}$$

LReLU 与 ReLU 的区别在于:当 $z \leqslant 0$ 时,其值不为 0,而是一个斜率为 a 的线性函数,如图 13.19 所示。一般 a 为一个很小的正常数,这样既实现了单侧抑制,又保留了部分负梯度信息。但 a 值的选择增加了问题难度,需要较强的先验知识或多次重复训练以确定合适的参数值。

5)深度神经网络的损失函数

损失函数比较常用的有平方误差损失函数、交叉熵损失函数、对数似然损失函数。

平方误差损失函数一般更适合输出为连续,且最后一层不含 sigmoid 或 softmax 激活函数的神经网络。

如果是使用 sigmoid 或 softmax 激活函数进行二分类或多分类的神经网络,那么使用

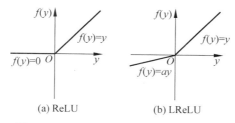

图 13.19　LReLU 与 ReLU 的曲线对比

交叉熵损失或对数似然损失会有更快的收敛速度。

对数似然损失是对预测概率的似然估计,其最小化的本质是利用样本中的已知分布,求解导致这种分布的最佳模型参数,使这种分布出现概率最大。它衡量的是预测概率分布和真实概率分布的差异性,取值越小越好。

对数似然损失函数在二分类时可以化简为交叉熵损失函数。交叉熵表示两个概率分布之间的距离,交叉熵越大,两个概率分布距离越远,概率分布越相异;交叉熵越小,两个概率分布距离越近,概率分布越相似。用交叉熵可以判断哪个预测结果与标准答案更接近。

【小结】　如何选择损失函数?如果神经元的输出是线性的,则选择平方损失函数;如果输出神经元是 S 形激活函数,则交叉熵损失函数会有更快的收敛速度。softmax 激活函数与对数似然损失的组合和 sigmoid 函数与交叉熵的组合作用相似,一般使用 sigmoid 激活函数与交叉熵进行二分类输出;使用 softmax 激活函数与对数似然损失进行全联结神经网络(DNN)多分类输出。

6) 深度神经网络的数据归一化、标准化与正则化

归一化(Normalization)指把数据变为 0～1 的小数。主要是为了方便数据处理,因为将数据映射到 0～1 范围之内,可以使处理过程更加便捷、快速;或指把有量纲表达式变换为无量纲表达式。经过归一化处理的数据,处于同一数量级,可以消除指标之间的量纲和量纲单位的影响,提高不同数据指标之间的可比性。在反向传播的过程中,数据归一化可以加快网络中每一层权重参数的收敛速度。如果每批训练数据的分布各不相同,那么网络就要在每次迭代时都去学习适应不同的数据分布,这样会大大降低网络的训练速度。

标准化(Standardization)是指将数据按比例缩放,使之落入一个小的特定区间。常用的方法有零-均值标准化,小数定标标准化和对数模式。

正则化(Regularization)是指用一组与原不适定问题相"邻近"的适定问题的解,去逼近原问题解的方法。

【小结】　归一化是为了消除不同数据之间的量纲,方便数据比较和共同处理;标准化是为了方便数据的下一步处理而进行的数据缩放等变换;正则化而是利用先验知识,在处理过程中引入正则化因子(Regulator),增加引导约束的作用。

在数据集太小、数据集没有局部相关特性的场合不适合采用深度学习算法,因为深度学

习算法容易产生过拟合。目前深度学习应用效果比较好的领域主要是图像、语音、自然语言处理等,这些领域的一个共性是局部相关性。图像中像素组成物体,语音信号中音位组合成单词,文本数据中单词组合成句子,这些特征元素的组合一旦被打乱,表示的含义同时也被改变。

13.2.9 卷积神经网络

卷积神经网络(Convolutional Neural Network,CNN)可看作模拟人脑视觉识别系统的神经网络模型。卷积神经网络和深度神经网络(DNN)在结构上的主要区别在于卷积层,卷积层使得 CNN 具有更强的学习能力和特征提取能力。紧接在卷积层后面的池化层使得 CNN 具有更强的稳定性。卷积层和池化层一般是组合出现,并有多组。有时卷积层和池化层之间还会加上一个归一化层。归一化层对卷积层处理过的图像进行减法归一化,使整体像素的平均值为 0,或者进行除法归一化来统一方差。最后是 DNN 中常见的全联结层,它起到分类器的作用。

一个卷积神经网络 LeNet-5 的结构如图 13.20(原教材图 3.24)所示。

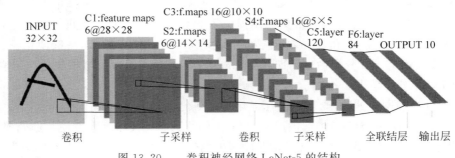

图 13.20   卷积神经网络 LeNet-5 的结构

1. 卷积操作

卷积操作的目的是使神经网络对图像识别的工作方式类似于生物系统,并能获得更准确的结果。下面分别从数学和物理的角度来分析卷积的意义。

1)卷积的数学定义

在数学中,卷积又称褶积或旋积,它是对两个函数定义的一种运算,其计算公式如下:

连续形式

$$x(t) * h(t) = \int_{-\infty}^{+\infty} x(\tau)h(t-\tau)\mathrm{d}\tau \tag{13.22}$$

离散形式

$$x(n) * h(n) = \sum_{\tau = -\infty}^{\infty} x(n)h(n - \tau) \tag{13.23}$$

其中，$x(t)$、$h(t)$ 为两个积分函数；* 表示卷积运算；连续形式 τ 为积分变量；离散形式积分就是求和，τ 是使函数 $h(-\tau)$ 位移的量。

上述的两个函数的卷积运算就是先将一个函数进行翻转，然后再做一个平移，这就是相当于在数轴上把 h 函数从右边折到左边去，也就是卷积中"卷"的由来。而"积"就是将平移后的两个函数对应元素相乘求和。

2）卷积的物理意义

在物理意义上，卷积是求解系统或对象响应函数的重要方法。在自动控制系统中，如果把 $x(n)$ 看作系统的输入信号，将 τ 看作系统的脉冲响应函数，则它们的卷积就是系统的输出函数。

在神经元信息处理过程中，神经元对于输入信息具有空间总和和时间总和的性质，它每时每刻都对不同部位的突触输入进行加工处理，从而决定输出的大小。其中，时间总和就是不仅考虑当前时刻的输入，而且还要考虑过去时刻输入短时间的持续对输出的影响，这时就要用卷积来计算它们的累加输入。

以信号分析为例，卷积的结果是不仅与当前时刻输入信号的响应值有关，也与过去所有时刻输入信号的响应有关系，即考虑对过去的所有输入的效果累积。

3）图像处理的卷积操作

卷积层的主要目的是检测图像的特征，如边缘、线条、颜色斑点和其他视觉元素。卷积操作在图像处理中实现平移、边缘提取和浮雕等作用。

针对图像的像素矩阵，卷积层上的每个像素都通过一个权重和上一层图像网络之间联结。卷积操作就是用一个卷积核（权矩阵）来从图像最左上边界开始，从左向右再从上向下逐行逐列地扫描直到最右下边界，并与像素矩阵做元素相乘，以此得到新的像素矩阵，这个过程就是卷积。其中卷积核也称滤波器，它在像素矩阵上扫过的面积称为感受野。

通过卷积操作处理得到的特征映射图的尺寸会小于输入图像的尺寸，缩小的尺寸与卷积核大小有关。为了得到和原始图像大小相同的特征映射图，需要先对输入图像进行填充，再进行卷积操作。

填充是指对卷积神经网络采用的一种称为填充（Padding）的操作，即对原始像素边缘和角落进行零填充，以在卷积过程中充分利用边缘和角落的像素特征，或根据图像设定相应的数值。填充的大小决定了滤波器扫描区域中的零边界。

4）池化操作

池化层位于卷积层之后。与卷积层不同，它不使用填充。池化操作类似于卷积，只是将滤波器与感受野之间的元素相乘改成了对感受野直接进行最大采样。因此，池化层的作用是降低模型维数、缩减模型大小，避免过拟合，提高模型计算速度及提高所获取图像特征的鲁棒性。

最大池化操作的效果相当于对输入图像的高度和宽度进行缩小,因此,这只是计算神经网络某一层的静态属性,中间并不涉及学习过程。

卷积和池化操作过程的示意如图 13.21(原教材图 3.25)所示。卷积神经网络经过多个卷积层和池化层后,将获取图像的全部局部特征送给全联结层。

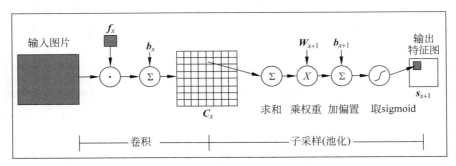

图 13.21　卷积神经网络卷积操作和池化操作(子采样)过程示意图

5) 全联结层

AlphaGo 所采用的卷积神经网络 LeNet-5 的最后一层为全联结层,该层将上一层输出的每个元素联结到全联结层中的每个神经元,对生成的向量使用 ReLU 激活函数,执行分类任务。在 AlphaGo Zero 采用的深度神经网络结构中已经取消了全联结层。

6) 卷积神经网络的训练

卷积神经网络的训练仍采用反向传播算法,利用链式求导计算损失函数对每个权重的偏导数,再用梯度下降公式更新权重。为防止过拟合,在训练迭代过程中随机忽略一般特征点。

7) 卷积神经网络图像识别的直观理解

卷积神经网络在学习过程中是逐层对图像特征进行识别和检测的,网络前面的一些层用于检测图像的边缘特征,中间的一些网络层用于检测图像的部分区域,靠后面的一些网络层用于检测完整的图像。可以直观理解为卷积神经网络的不同层负责检测输入图像的不同层级的图像特征。上述过程类似人观察一幅大图像,先看整体轮廓,再细看各个部分,最后在头脑中整合成完整的图像。

13.3　基于神经网络的系统辨识

13.3.1　神经网络的逼近特性

1989 年,罗伯特・赫希特・尼尔森(Robert Hecht-Nielsen)证明了对于任何在闭区间内的连续函数都可以用一个隐层的 BP 网络来逼近,因而一个三层的 BP 网络可以完成任意

的 n 维到 m 维的映射。这个定理的证明是以数学上维尔斯特拉斯(Weierstrass)的两个逼近定理为依据的。这个定理的证明过程比较复杂,不作为教学重点内容。

　　要求学生重点理解和记住神经网络具有万能逼近特性的结论及其重要意义。神经网络的多种重要应用都是以神经网络具有万能逼近的特性为基础的,如神经网络控制、参数优化、系统辨识、故障诊断、模式识别等。

13.3.2　神经网络系统辨识的原理

　　基于神经网络的系统辨识是选择一种适当形式的神经网络模型,一般选择二进制伪随机序列作为输入,使神经网络从待辨识的实际动态系统中不断地获得输入/输出数据。神经网络通过学习算法自适应地调节神经元间的联结权重,从而获得利用神经网络逐渐逼近实际动态系统的模型(正模型)或逆模型(如果系统是可逆的)。这样的动态系统模型实际上是隐含在神经网络的权矩阵中的。

　　神经网络广泛用于系统辨识、神经控制和参数优化中。神经网络无论是用于辨识、控制,还是用于优化,利用的都是神经网络所具有的从输入到输出非常强大非线性映射功能,即使是一个三层前馈网络也能以任意精度逼近任和闭区间的连续函数。神经网络的逼近性能与多项式逼近、指数逼近不同的是神经网络具有学习能力。

　　【建议】　系统辨识虽然是一种对复杂系统建模的方法,但无论是采用传统的方法,还是采用模糊系统辨识、神经网络系统辨识方法,其辨识过程都是相当烦琐和复杂的。研究系统辨识本身就是一门课程的教学内容。因此,有关神经网络系统辨识的内容建议作一般介绍,具体的辨识算法和步骤可不作为重点讲述。

13.4　基于神经网络的智能控制

13.4.1　神经网络控制的基本原理

　　一个单位反馈控制系统的基本组成如图 13.22(a)(原教材图 3.29)所示。其中控制器如果是 PID 控制器,则该系统就是传统的 PID 控制系统;如果控制器是模糊逻辑控制器,则该系统就是模糊控制系统;如果控制器是神经网络控制器,则该系统就是神经控制系统。

　　在图 13.22(b)中,设被控制对象的输入 u 和输出 y 之间满足如下非线性关系:

$$y = g(u) \tag{13.24}$$

控制的目的是确定最佳的控制量输入 u,使系统的实际输出 y 等于期望的输出 y_d。在该系统中,把神经网络的功能看作从输入到输出的某种映射,或称函数变换,并设它的函数关系为

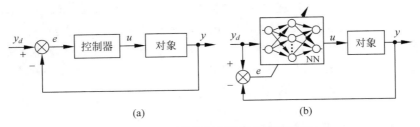

(a)
(b)

图 13.22　反馈控制与神经控制的对比

$$u = f(y_d) \tag{13.25}$$

为了满足系统输出 y 等于期望的输出 y_d，将式(13.25)代入式(13.24)，可得

$$y = g[f(y_d)] \tag{13.26}$$

显然，当 $f(\cdot) = g^{-1}(\cdot)$ 时，满足 $y = y_d$ 的要求。

由于采用神经网络控制的被控对象一般是复杂的且多具有不确定性，因此非线性函数 $g(\cdot)$ 是难以建立的，可以利用神经网络具有逼近非线性函数的能力来模拟 $g(\cdot)$。尽管 $g(\cdot)$ 的形式未知，但根据系统的实际输出 y 与期望输出 y_d 之间的误差，通过神经网络学习算法调整神经网络联结权重直至误差

$$e = y_d - y \rightarrow 0$$

这样的过程就是神经网络逼近 $g^{-1}(\cdot)$ 的过程。由神经网络的学习算法实现逼近被控对象逆模型的过程，就是神经网络实现直接控制的基本原理。

【重点·难点】　对参数时变的对象和非线性对象来说，为什么传统 PID 控制难以控制？神经网络又为什么能控制这样的对象？因为传统 PID 控制是基于精确模型的控制，它的三个控制参数是根据对象模型的参数整定的，当整定好之后就不能随着模型参数的变化而自适应变化了，所以传统 PID 控制对于对象参数变化幅度大且变化剧烈的对象难以得到好的控制效果。此外，传统 PID 控制属于线性控制规律，因此它难以控制非线性对象。

神经网络作为控制器在控制对象的过程中，根据系统的实际输出 y 与期望输出 y_d 之间的误差，通过神经网络的学习算法不断地调整神经网络联结权重直至使网络逼近被控对象的逆模型，使误差 $e = y_d - y \rightarrow 0$。因此，不论被控对象是线性时变的，还是非线性的，神经网络都能很好地对它们进行控制。

应该指出，神经网络在控制过程中所使用的学习算法需要一定的时间，因此选择神经网络时，要考虑尽量选择具有快速学习算法的神经网络来满足实时控制的需要。

13.4.2　神经网络控制的分类

神经网络对信息的处理和推理具有自组织自学习的特点，使其具有非常强的非线性映射能力，即万能逼近能力。因此，神经网络在控制系统中，可以用于控制、系统辨识、优化参

数、在线推理、故障诊断等。下面从神经网络在控制系统中单独使用,以及与其他人工智能技术结合使用的角度,对神经网络控制进行分类。

1. 基于神经网络的直接控制

1) 神经网络直接反馈控制

将神经网络用于直接控制,需要解决网络无监督自学习问题。在这种控制方式中,神经网络采用多层前馈网络直接作为控制器,利用反馈等算法实现自学习控制。

在图 13.23 给出的例子中,神经网络充当直接控制器。神经网络接收输入信号 x_n,并输出 y_n,其中,x_n 是状态向量 X 乘以一个常值增益 K_i,输出 y_n 乘以一个常值增益 K_0 后作为控制量 u。

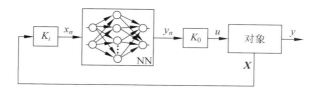

图 13.23　神经网络直接反馈控制系统

该系统在神经元前面有一个译码器,它将状态空间的所有分段区域映射为神经元的多输入,然后采用遗传算法进行自学习,使网络能够通过学习实现非线性控制。这种控制方式能接受任意目标函数,能够满足具有噪声环境、参数变化及非线性等要求。

2) 神经网络直接逆控制

神经网络直接逆控制的一种形式如图 13.22(b)所示,神经网络根据系统的实际输出 y 与期望输出 y_d 之间的误差通过学习算法反复调整神经网络联结权重,直至误差趋于 0,从而实现了神经网络对被控对象的直接逆控制。

2. 神经网络与其他人工智能技术结合

1) 神经网络驱动模糊推理的模糊控制

这种方法利用神经网络直接设计多元的隶属函数,把神经网络作为隶属函数生成器组合在模糊控制系统中,从而提高模糊控制的性能。

2) 神经网络记忆模糊控制规则和隶属函数

通过一组不同兴奋程度的神经元表达一个抽象的概念值,由此将抽象的经验规则转化成多层神经网络的输入/输出样本。利用联想机制的神经网络学习算法通过样本进行训练,可以构造和更新规则,可以发现和优化隶属函数。通过神经网络记忆这些样本,从而使控制器可以用联想记忆方式使用这些规则。

3) 神经网络优化模糊控制的参数

在模糊控制系统中影响控制性能的因素除了隶属函数、控制规则外,还有误差及误差变化的量化因子、输出的比例因子,它们都可以利用神经网络进行优化。

4)基于模糊神经网络的自组织控制

将神经网络的联想记忆和学习功能同模糊规则的知识描述相结合,可以设计基于模糊神经网络的自组织控制系统,用于直升机控制。该系统建立的模糊规则包括 3 个部分:条件(飞行模型)、规则(If-Then)、操作模型(控制器)。利用双向联想记忆网络的联想记忆来产生模糊规则中条件和操作模型间的关系。该系统利用学习向量量化(LVQ)网络无监督学习产生隶属函数,实现对输入空间的自动分类。系统通过分别训练每个控制器,使得在特定的条件下以最优方法运行,并满足稳定约束条件。在模糊推理中,对每个控制器综合后给出控制量。

5)神经网络专家系统控制

专家系统善于表达知识和逻辑推理,神经网络长于非线性映射和直觉推理,将二者相结合,优势互补,会获得更好的控制效果。图 13.24(原教材图 3.30)是一种神经网络专家系统的结构方案,这是一种神经网络和专家系统相结合用于智能机器人的控制系统结构。EC是对动态系统 P 进行控制的专家控制器。

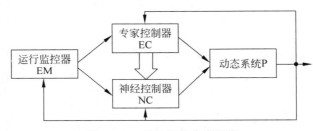

图 13.24　神经网络专家系统

神经网络控制器 NC 将接受小脑模型神经网络 CMAC 的训练,每当运行条件变化使神经控制器性能下降到某一限度时,运行监控器 EM 将调整系统工作状态,使神经网络处于学习状态,此时 EC 将保证系统的正常运行。该系统运行共有 3 种状态:EC 单独运行、EC和 NC 同时运行、NC 单独运行。监控器 EM 负责管理它们之间的运行切换。

6)基于模糊推理和神经网络建造专家系统

利用从领域专家处获取的知识建立模糊规则和隶属函数,并将它们导入神经网络用于模糊推理。利用反向传播算法反复训练神经网络以修改隶属函数,求精模糊规则,并把这些规则和隶属函数存入专家系统的知识库备用。

13.4.3　神经网络与传统控制的结合

将神经网络作为传统控制系统中的一个环节或多个环节,用来充当辨识器,或对象模型,或控制器,或估计器,或优化计算等。具体方式有很多,常见的一些方式归纳如下。

1. 神经逆动态控制

设系统的状态观测值为 $x(t)$，它与控制信号 $u(t)$ 的关系为 $x(t)=F(u(t),x(t-1))$，F 可能是未知的，假设 F 是可逆的，即 $u(t)$ 可从 $x(t)$、$x(t-1)$ 求出，通过训练神经网络的动态响应为 $u(t)=H(x(t),x(t-1))$，H 即为 F 的逆动态。

2. 神经 PID 控制

将神经元或神经网络和常规 PID 控制相结合，根据被控对象的动态特性变化情况，利用神经元或神经网络的学习算法，在控制过程中对 PID 控制参数进行实时优化调整，以达到在线优化 PID 控制性能的目的。这样的复合控制形式称为神经元 PID 控制或神经 PID 控制。

3. 模型参考神经自适应控制

在传统模型参考自适应控制系统中，利用神经网络充当对象模型，或充当控制器，或充当自适应机构，或优化控制参数，或兼而有之等，这样的系统称为模型参考神经自适应控制。

4. 神经自校正控制

在传统自校正控制系统中，利用神经网络在线辨识对象模型参数（或辨识对象模型的结构和参数），根据辨识估计的系统输出和系统实际输出的误差值，驱动学习算法在线校正控制器的控制参数（或者校正控制器的结构及控制参数），直至系统辨识的输出和系统实际输出的误差趋于 0。

5. 神经网络滑模控制

滑模控制又称变结构控制，属于不连续的非线性控制。将神经网络和滑模控制相结合就构成神经网络滑模控制。这种方法将系统的控制或状态分类，根据系统和环境的变化进行切换和选择。神经网络根据系统所期望的动态特性通过自学习来改进滑模开关曲线，进而改善滑模控制的效果。

13.5　神经网络和 PID 控制的结合

13.5.1　单个神经元 PID 控制

将单个神经元和 PID 控制相结合组成的控制系统，称为神经元 PID 控制系统，如

图 13.25(原教材图 3.33)所示。该系统通过神经元的学习算法来调整优化 PID 控制的 3 个参数。

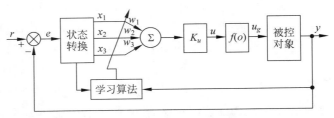

图 13.25　单个神经元 PID 控制系统

13.5.2　神经网络优化 PID 参数

利用 RBF 神经网络通过学习算法优化 PID 控制参数的原理如图 13.26(原教材图 7.8)所示,其中 PID 控制器采用增量控制方式。

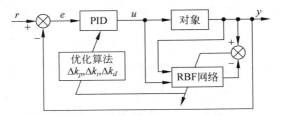

图 13.26　RBF 网络优化 PID 控制系统的原理

13.6　神经自适应控制

13.6.1　模型参考神经自适应控制

将神经网络同模型参考自适应控制相结合,就构成了模型参考神经自适应控制。根据结构的不同可分为直接模型参考神经自适应控制和间接模型参考神经自适应控制两种类型,分别如图 13.27(原教材图 3.36)(a)和(b)所示。间接模型参考神经自适应控制的结构比直接模型参考神经自适应控制的结构中多用了一个神经网络辨识器,其余部分完全相同。其中作为控制器和辨识器的两个神经网络结构完全相同。

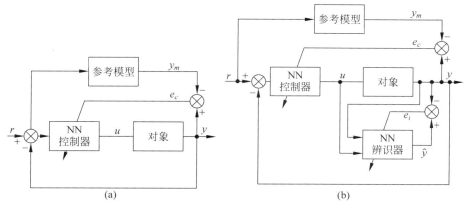

图 13.27　模型参考神经自适应控制系统的结构

13.6.2　神经网络自校正控制

神经网络自校正控制的一种结构如图 13.28(原教材图 3.22)所示,利用误差的某种评价函数对神经网络学习效果进行评价,来调整神经网络是联结权重,使系统误差趋于 0,从而实现神经网络自校正控制。这种控制方式也可归于神经网络直接逆控制。

神经网络自校正控制的另一种结构形式如图 13.29(原教材图 3.37)所示,神经网络通过在线辨识来估计

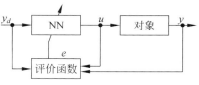

图 13.28　神经网络自校正控制的
一种结构

系统未知的参数,以此来在线校正控制参数并进行实时反馈控制。其中神经网络在自校正控制系统中充当未知系统函数逼近器。

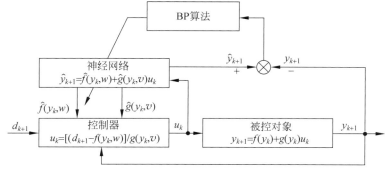

图 13.29　神经网络自校正控制系统

13.7　本章小结

在神经网络、神经控制教学内容中,必须充分认识神经细胞的结构与人工神经元形式化结构模型是构成神经网络的基石,就像模糊逻辑系统中的模糊集合一样重要。要强调神经网络训练、学习、泛化概念的重要性,以及神经网络具有对信息分布存储、并行处理、自学习、自组织及万能逼近的特性。上述基础若打不牢,学生会感到越学越困难。应把前馈网络和误差反向传播算法作为学好神经网络的基础,其重要程度不亚于 PID 控制在控制系统中的作用。因为前馈网络及其学习算法也是多种网络,尤其是深度神经网络的基础。神经元模型、神经网络模型及学习算法构成了神经网络系统的三要素。神经网络系统不仅和模糊逻辑系统一样具有万能逼近的特性,而且神经网络还具有自学习的特性。因此,可以把神经网络作为一个智能单元用于智能控制、系统辨识、参数优化等智能信息系统中。从这样的角度出发,对神经网络的教与学就会变得相对简单。

启迪思考题解答

13.1　画出一个神经元形式化结构模型,指出各部分的名称和作用,说明"形式化"和"结构"各是什么意思。（原基础启迪思考题3.3）

参考答案：人工神经元形式化结构模型如图 13.30 所示,它是一个多输入单输出的信息处理单元,其中 $x_1, x_2, \cdots, x_n$ 分别为多个输入信号,它们模拟神经细胞 i 的树突接收其他神经细胞传入的神经冲动；$w_1, w_2, \cdots, w_n$ 分别为对应各输入信号突触的联结强度（权重）；u_i 为神经元 i 的膜电位,其大小表示神经胞 i 的兴奋程度；θ_i 为神经元 i 的兴奋阈值,它模拟神经细胞的阈值特性,它不是一个常数,会随着神经细胞的兴奋而变化；y_i 为模拟神经细胞 i 的轴突的输出信号,它是 u_i 的非线性函数,称为输出函数或激活函数。

组成"人工神经元形式化结构模型"有**三要素**：**形式化、结构化、模型化**。所谓形式化,是指把神经细胞的各个组成部分用符号、线、图的 3 种形式来表示的过程。在图 13.30 中用到了的图形包括带有箭头的线段、圆形、圆弧形等多种符号。其中输入侧的带箭头的线段和箭头分别表示神经细胞的树突触及信息传入方向,圆形表示细胞膜,圆弧形表示神经细胞阈值的非线性特性,输出侧的带箭头的线段和箭头分别表示神经细胞的突触扣结及信息输出方向。

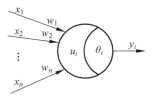

图 13.30　人工神经元形式化结构模型

把上述表示神经细胞的输入/输出符号,以及线段、图形等按照神经细胞的组成关系联结起来就构成了人工神经元的结构,这样的过程称为结构化。

通过忽略神经细胞信息处理中的次要因素,突出本质特征的理想化方式获得的神经细胞形式化的结构图形来反映神经元输入/输出信息处理的动态过程,这样的结构图形称为模型,这样的模型形成过程称为模型化。因此,上述由人工把神经细胞形式化、结构化、模型化得到的神经元模型,称为人工神经元形式化结构模型。

【注】　上述人工神经元形式化结构模型看似简单,但要把它的每一部分和真实神经细胞的对应关系搞清楚是十分困难的,否则就会感到越学越抽象,越难以理解。初学神经网络一定要把这个模型的来龙去脉搞清楚。不要把神经网络学成纯数学,一定要了解各符号所代表的物理含义。

13.2　指出人工神经元模型在信息处理过程中都有哪些部分具有非线性特性。(原基础启迪思考题 3.5)

参考答案:从信息处理和控制的角度看,神经元是一个多输入单输出的信息处理单元,具有本质的非线性。具体表现有以下几个方面:联结权重 $w_1, w_2, \cdots, w_n$ 根据输入和输出信号强弱可塑性变化,具有非线性;膜电位 u_i 具有兴奋电脉冲具有非线性特性;神经元 i 的兴奋阈值 θ_i 随神经细胞的兴奋而变化具有非线性;输出函数 y_i 具有突变性和饱和的非线性。所有这些非线性因素相互作用是对非线性的放大,致使神经元本质上是一个具有强非线性的信息处理单元。由于突触联结强度具有强弱可塑性,使神经元具有长期记忆和学习功能的智能行为。因此,人工神经元形式化结构模型是一个具有本质非线性特性的智能信息处理单元。

13.3　人工神经网络具有哪些特点?这些特点使它可以应用到哪些方面?(原基础启迪思考题 3.6)

参考答案:神经网络具有如下特点。

(1) 具有分布式存储信息的特点,一个信息不只是存储在一个地方,而是分布存储在不同的位置。这使得神经网络具有容错能力。

(2) 对信息的处理和推理具有并行的特点。

(3) 对信息的处理具有自组织、自学习的特点。

(4) 具有从输入到输出的非常强的非线性映射能力,具有万能逼近特性。

因为控制、辨识、建模、优化及诊断问题都可以转换为非线性逼近问题,而神经网络具有非常强的非线性映射能力、万能逼近特性,所以可以设计不同的神经网络用于控制、系统辨识、对象模型、优化参数、故障诊断等。

13.4　什么是神经网络的学习?什么是对神经网络的训练?学习和训练有何区别和联系?(原基础启迪思考题 3.7)

参考答案:神经网络的学习通常指神经网络无监督学习,通过某种学习算法自动地、反复地去调整权重,直到实际输出数据和期望输出之间的误差趋于 0 或小于允许的误差为止。

神经网络的训练是指从应用环境中选出一些输入/输出样本数据,通过示教和监督来不断地调整神经元之间的联结强度,直到神经网络得到合适的输入/输出关系为止,这个过程称为对神经网络的训练。

神经网络学习、训练两个概念很重要,既是重点,又是难点,难在两个概念容易混淆不清。因为学习和训练两个概念密切关联,但又有区别。它们的共同点是通过改变神经元之间的联结权重使神经网络能以一定的精度保持着期望的输入/输出间的映射关系;不同点在于,神经网络学习一般是依靠某种学习算法来实现的,而神经网络训练一般是通过有教师指导的监督学习实现的。

13.5   BP神经网络误差反向传播学习算法为什么要误差反向传播? 而不正向传播可以实现学习吗?(原基础启迪思考题3.10)

参考答案:设想一下,采用误差正向传播,首先从输入层到隐层间的联结权重开始调整,在调整隐层和输出层之间联结权重的同时就破坏了原来前面已调好权重的条件,再回头调整从输入层到隐层间的联结权重,又破坏了刚调好的隐层和输出层之间联结权重,如此调下去,进入了恶性循环。

换一个角度分析这个问题,比较一下调整隐层和输出层之间联结权重,还是调整输入层和隐层间的联结权重哪个对调整输出误差影响大。显然前者影响大,相当于粗调;后者影响小,相当于精调。因此,先从粗调开始,当不满足要求时,再精调、粗调、精调……直到输出误差满足要求为止。

13.6   在BP网络误差传播学习算法中加动量因子有何作用?(原基础启迪思考题3.3)

参考答案:按误差反向传播方向,从输出层开始返回到隐层修正权重的公式为

$$W_{ij}(t+1)=W_{ij}(t)+\eta\delta_j y_j$$

上式表明,$t+1$ 时刻调整权重是在 t 时刻的基础上增加一个增量 $\Delta W_{ij}=\eta\delta_j y_j$,即

$$\Delta W_{ij}=\Delta W_{ij}(t+1)-\Delta W_{ij}(t)=\eta\delta_j y_j$$

如果这一步调整权重对于减小输出误差效果明显,那么在本次调整的基础上再增加一个动量调整项 $\alpha[W_{ij}(t)-W_{ij}(t-1)]$,带有动量调整权重的公式变为

$$W_{ij}(t+1)=W_{ij}(t)+\eta\delta_j y_j+\alpha[W_{ij}(t)-W_{ij}(t-1)]$$

其中,η 为大于零的学习率;δ_j 为结点 j 的实际活性与期望活性的差值;y_j 为结点 j 的实际输出;α 为动量因子。

增加的动量调整项 $\alpha[W_{ij}(t)-W_{ij}(t-1)]$ 的值若为正,则表明 t 时刻的权重调整有效,因此 $t+1$ 时刻增加一个动量调整项应加大权重调整量,以加快学习算法的速度;若 $\alpha[W_{ij}(t)-W_{ij}(t-1)]$ 的值为负,则表明 t 时刻的权重调整偏大,$t+1$ 时刻的动量调整项应使权重调整量减小,以加快学习算法收敛速度。总之,动量因子 α 可以改变权重调整的强度,有助于提高 BP 学习算法的学习速度。

13.7   RBF神经网络与BP神经网络在结构和功能上有何区别?(原基础启迪思考题3.12)

参考答案:径向基神经网络和三层前向网络都是层状网络,但每一层的作用与前向网

络不同。径向基网络输入层有信号源结点组成,仅起到传递输入信号到隐层的作用,可将输入层和隐层之间看作权重为 1 的联结。隐层的每个神经元实现径向基核函数(RBF)完成从输入到隐层的非线性变换。各个 RBF 只对特定的输入有反应。输出层采用线性优化策略对线性权重进行调整,完成对输入层激活信号的响应。

径向基神经网络学习算法不同于 BP 算法,需要求解高斯核函数的中心、宽度及隐层到输出层的权重。首先采用非监督学习,利用 K-均值聚类法决定核函数的中心和方差,然后采用监督学习,利用最小二乘法计算隐层到输出层的权重。

BP 网络和 RBF 网络都能以任意精度逼近任意连续函数,但 BP 网络是全局逼近网络,而 RBF 网络是局部逼近网络;BP 网络必须同时学习全部权重,而 RBF 网络分两段实现快速学习,因此,RBF 网络的学习速度比 BP 网络快得多,常常在快速优化算法中使用。

13.8　改进神经网络的设计应从哪几方面考虑?(原教材启迪思考题 3.13)

参考答案:一个神经网络系统的设计包括三部分主要内容。首先,要考虑人工神经元的信息处理的模型,包括输入、加权、激活函数,根据需要再进一步考虑输入信息的时间和空间整合等问题。其次,要考虑网络的拓扑结构,是用层状网络、网状网络、混合网络,还是利用几种不同形式网络的组合。不少新的网络都是由于要解决新的问题而设计出来的。最后,就是要设计网络的具体学习算法。关于设计的学习算法有三方面的问题要考虑:一是算法的实现问题;二是算法计算的复杂度问题;三是学习算法的收敛性的证明问题。

第14章

专家控制与仿人智能控制教学重点难点设计指导

专家控制系统、专家控制器和仿人智能控制均为基于行为主义的智能控制形式。因为建造专家系统需要大量人力、物力和财力，不仅设计周期长，而且需要反复调试。因此没有特殊的需要一般不建造大型专家系统。本章对专家系统的组成、工作原理及两个例子作一般性介绍，重点对专家控制器的设计思想、组成、原理进行介绍。仿人智能控制的内容是本章的重点和难点。重点要放在对传统 PID 线性控制的弊端进行剖析，难点在于如何设计、应用反映被控动态过程的特征变量来具体设计仿人智能控制规则。

14.1 专家系统的概念与结构

专家是某一领域具有高深理论知识或/和具有丰富实践经验的人，也被誉为领域专家。专家可分为三类：具有高深理论知识的专家；具有丰富实践经验的专家；既具有高深理论知识，又具有丰富实践经验的专家。

专家系统是指模拟人类专家应用理论知识和他们的丰富经验以及成功案例，来解决某一领域大量疑难问题的计算机程序系统。人们借助专家系统来解决只有专家才能解决的某一领域的疑难问题。如，故障诊断专家系统、医疗专家系统等。像远程医疗专家系统，不受时间地域限制，具有实时性好、专家经验共享、可全时服务等优点。

专家系统一般结构包括五部分：知识库、推理机、数据库、解释和知识获取。

(1) **知识库**用于存储专家的领域知识、经验规则、成功案例及必要的书本知识和常识等。

(2) **推理机**是根据当前的输入数据，利用知识库的知识和经验去找到处理解决当前问题推理过程的程序。

（3）**数据库**是指专家系统中的一部分存储单元，用于临时存放处理和推理的中间结果等。

（4）**解释**也是一组计算机程序，用于向用户解释推理过程及结果，以便和用户沟通回答问题等。

（5）**知识获取**是通过设计一组计算机程序，具有修改知识库中的知识和向专家获取新知识而更新知识库的功能。

最早的专家系统是 1965 年由图灵奖得主费根鲍姆教授开发的世界上第一个化学质谱分析专家系统程序 DENDRAL。

14.2　专家控制系统的结构与原理

专家控制系统是指专门用于控制的专家系统，它比一般专家系统要求更高，如具备运行高可靠性、长期运行连续性、在线控制实时性、强抗干扰性、使用灵活性、维护便利性、故障自诊断、自修复、自重构等功能。

早在 20 世纪 80 年代初，国际控制界享有盛誉的奥斯特隆姆教授就认识到，已建立起来的系统辨识和自适应控制理论，在解决一些复杂非线性系统控制问题方面仍存在着严重缺陷。对于一些复杂非线性系统控制问题，仅依靠传统的建立精确模型并通过计算机解析方式实现控制的方法是不可取的。于是，他提出将传统控制工程算法与启发式逻辑相结合，研究并设计了一种专家控制系统的结构，如图 14.1（原教材图 4.1）所示。

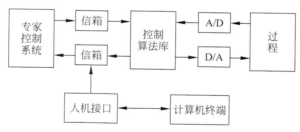

图 14.1　一种专家控制系统的结构

说明：图中专家控制系统方框中含有数据库、规则库和推理机。

该专家控制系统包括数据库、规则库、推理机、控制规则库、人机接口等环节。该系统采用专家系统的设计工具 OPS4 框架结构，用人工智能语音 LISP 编程。信箱用于连接专家系统和算法库。控制算法库包括 3 组算法：控制算法、识别算法和监控算法，均采用 PASCAL 语言编程。人机接口使用 LISP 语言传播两类命令：一类是面向算法库的命令；另一类是指挥专家系统去做什么的命令。

上述专家控制系统的基本原理是：将传统的控制工程算法同启发式逻辑相结合，例如，带有启发式逻辑的工业 PID 控制器，除有 PID 算法外，还包括操作方式选择、输入信号滤波、极限校正和报警、程序开关的选择、输出及速率的限制等功能。

14.3　实时过程控制专家系统 PICON 的应用实例

PICON(Process Intelligent CONtrol)实时过程控制专家系统是 LISP 机器公司早在 1984 年设计的，用于控制分布式过程控制系统。PICON 实时过程控制专家系统如图 14.2（原教材图 4.3）所示。PICON 使用两台计算机：LISP 处理机用于专家系统的高层次推理；68010 处理机使用 C 语言编程用于系统的低层次推理，通过滤波器与系统连接。LISP 处理机和 68010 处理机通过多通道与分布式过程控制系统相连接，两个处理机并行运行，可以监视多达 20 000 个过程变量和报警信号。

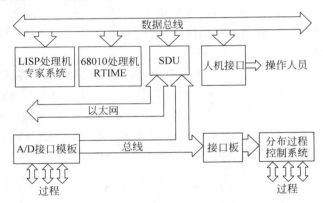

图 14.2　PICON 实时过程控制专家系统的结构

14.4　专家控制器

专家控制器可以看作对专家控制系统的一种简化形式，它的组成包括四部分：知识库、控制规则集、推理机构、信息获取与处理，如图 14.3（原教材图 4.4）所示。

在专家控制器中，控制规则一般采用 IF-THEN 的形式表达，规则的条件部分由系统误差及误差变化决定，结论部分采用不同的解析形式表达。这样就形成了一个从系统输入误差及误差变化集到输出控制集的映射：

$$f(E,C) \rightarrow U \tag{14.1}$$

其中，E 和 C 分别为误差和误差变化模糊变量；$f(E,C)$ 为误差和误差变化集；U 为输出控

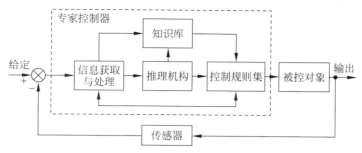

图 14.3　一种专家控制器结构

制集。专家控制器采用正向推理,就是逐条判断条件并给出相应结论的过程。

14.5　仿人智能控制

14.5.1　传统 PID 线性控制的弊端

仿人智能控制是在以传统 PID 为代表的线性控制规律未能很好地解决闭环系统快速性、稳定性、准确性三者之间矛盾问题的背景下提出的。为了更好地认识、解决这一矛盾问题,可以通过图 14.4(原教材图 4.5)二阶系统的阶跃响应曲线来剖析传统 PID 线性控制规律的弊端。

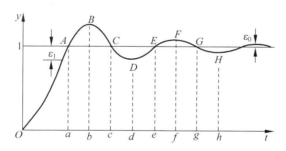

图 14.4　二阶系统的单位阶跃响应曲线

OA 段为系统在控制信号作用下由静态到动态再向稳态转变的关键阶段。该阶段应主要解决系统响应快和稳的矛盾问题。传统 PID 控制的比例系数是不变的,由于系统惯性必然导致超调,因此在该阶段比例系数应由大到小非线性变化。

AB 段系统输出已超调且误差在增大,控制时除了采用比例控制外,再加上积分控制,以便使系统输出尽快回到稳态值。

BC 段误差开始减小趋向稳态,此时如再继续施加积分控制作用,势必造成控制作用过强而出现回调,故不宜再加积分控制作用。

CD 段与 AB 段相似,只是误差变化方向相反,应采用比例加积分控制。

DE 段与 BC 段相似,只是误差变化方向相反,采用比例控制,不宜加积分控制。

从上面的分析可以看出,传统 PID 线性控制存在的弊端表现在两方面:一是比例系数固定不变;二是加积分控制缺乏选择性。

由于被控动态过程是不断变化的,为了获得良好的控制性能,控制器必须根据控制系统的动态特征,不断地改变控制决策或调整控制参数,以便使控制器本身的控制规律适应于控制系统的需要。

控制决策经验丰富的操作者并不是依据数学模型进行控制,而是根据操作经验以及对系统动态特征信息的识别进行直觉推理,在线确定和变换控制策略,从而获得良好的控制效果。

【重点】 仿人智能控制的基本思想是,在控制过程中利用计算机模拟人的控制行为功能,最大限度地识别和利用控制系统动态过程所提供的特征信息,进行启发式判断和直觉推理,从而实现对缺乏精确模型的复杂对象进行有效控制。

【注释】 启发式判断是指在不确定的条件下,人们会根据以往相同的或类似的经验来对当前情况进行判断,具有判断简单、高效等优点。

【注释】 直觉推理是凭借已有知识和经验对事物直接领悟,依靠启发式判断直接给出解决问题结论的过程,具有直接性、暂时性、整体性等特征。

14.5.2 特征变量的设计

绝大部分被控动态过程都可以用二阶系统近似,因此可以用闭环系统的误差及误差变化两个变量的适当组合构成描述被控动态过程特性的特征变量。

设 e_n 和 e_{n-1} 分别表示当前时刻和前一个采样时刻的误差值,则 n 时刻的误差变化为 $\Delta e_n = e_n - e_{n-1}$。

(1) 特征变量 $e \cdot \Delta e$ 的符号(正、负)用于描述动态过程系统误差变化的总趋势。

$e \cdot \Delta e > 0$ 表明误差在变大;$e \cdot \Delta e < 0$ 表明误差在变小。

(2) 特征变量 $|\Delta e/e|$ 的大小用于描述动态过程系统误差变化快慢程度。

$|\Delta e/e| > 1$ 表明误差变化较快;$|\Delta e/e| < 1$ 表明误差变化缓慢。

(3) 特征变量 $\Delta e_n \cdot \Delta e_{n-1}$ 的符号(正、负)用于描述系统误差是否出现极值。

$\Delta e_n \cdot \Delta e_{n-1} < 0$ 表明出现了极值;$\Delta e_n \cdot \Delta e_{n-1} > 0$ 表明无极值出现。

(4) 特征变量 $|\Delta e_n/\Delta e_{n-1}|$ 的大小用于描述两个相邻采样时刻误差变化相对情况,其比值越小,表明 n 时刻的控制效果显著。

(5) 特征变量 $\Delta(\Delta e)$ 的符号(正、负)用于描述动态过程处于超调或回调状态。

$\Delta(\Delta e) > 0$ 表明处于超调状态,$\Delta(\Delta e) < 0$ 表明处于回调状态。

【重点·难点】 仿人智能控制的特征变量的本质特征及其与传统 PID 控制的区别。

上述特征变量的本质特征在于它们不是一个绝对的量,而是一个符号变量,或者是一个相对量。符号变量用来表征动态过程变化趋势的方向,相对量用来表征动态过程变化的快慢程度。将上述两种形式的特征变量统称为定性变量,用来刻画动态过程变化趋势及变化速度,计算机借助于特征量捕捉到动态过程的信息,识别系统的动态行为,作为控制决策的依据。计算机在控制过程中能够使用定性变量和直觉推理,这一点和传统 PID 控制基于精确数学模型单凭定量精确推理进行控制决策是有本质区别的。

仿人智能控制是模拟人的操作经验在控制决策中进行定性和定量综合集成的推理形式,因此很好地解决了控制过程中的快速性、稳定性和准确性的矛盾。

14.5.3 仿人智能控制器的结构及工作原理

仿人智能控制器的基本结构如图 14.5(原教材图 4.7)所示。它的结构和专家控制器的结构相似,主要包括特征信息获取与处理、特征模式集、模式识别、控制规则集 4 个部分。

仿人智能控制器的工作原理可概括如下:首先,系统根据计算出的特征变量判断动态过程的特征模式;然后,推理机构根据该特征模式去寻找与之相匹配的控制规则;最后控制器执行上述的控制规则对被控对象加以控制。这个过程是一步仿人智能控制算法,如此循环一步一步控制下去,直到被控系统的误差达到期望的指标。

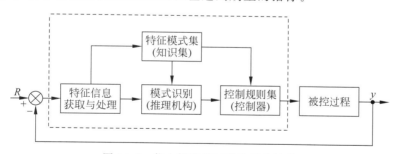

图 14.5　仿人智能控制器的基本结构

14.5.4 仿人智能积分控制

仿人智能积分控制是将基于解析描述的模糊控制和智能积分相结合的一种仿人智能控制形式。它从两个方面模拟人的智能控制行为:一是通过模糊控制模拟人的模糊逻辑推理进行控制决策行为;二是模拟人有选择的记忆功能,即选择记忆有用的信息,遗忘无用的信息。在控制过程中,选择对控制有利的误差积分称为智能积分,将智能积分控制作用引入模糊控制,以进一步提高模糊控制的稳态精度。

在图 14.4 中的阶跃响应曲线 AB 段（CD 段）加积分控制对尽快压低超调（回调）是有利的；相反，在 BC 段（DE 段）加积分控制是不利的，会导致系统出现回调（超调）。

一种仿人智能积分控制规则如下：

$$U = \begin{cases} \langle \alpha E - (1-\alpha)C \rangle, & E \cdot C < 0 \text{ 或 } E = 0 \\ \langle \beta E + \gamma C + (1-\beta-\gamma)\sum_{i=1}^{k} E_i \rangle, & E \cdot C > 0, C = 0, E \neq 0 \end{cases} \tag{14.2}$$

其中，U、E、C 分别为控制量、误差和误差变化的模糊量；α、β 和 γ 均为 $0 \sim 1$ 的加权系数；符号 $\langle \cdot \rangle$ 表示取最接近"$\cdot$"的整数；$\sum E$ 为智能积分项。

实现上述控制算法的一种控制系统的结构如图 14.6（原教材图 4.9）所示。图中虚线框部分是智能积分控制环节，它首先判断是否符合智能积分条件，若符合条件，则进行智能积分（Ⅱ）；否则，不引入积分作用。

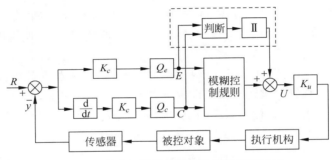

图 14.6　具有智能积分控制的模糊控制系统

【重点】　对仿人智能积分控制规则的深入分析。

上述的仿人智能积分控制规则包括上下两条规则，每条规则的左边部分是控制规则，右边部分是执行这条规则的条件。执行上面规则的条件是系统误差处于回落阶段，此阶段采用模糊比例微分控制；执行下面规则的条件是系统误差处于上升阶段或接近稳态阶段，采用模糊比例微分加智能积分控制，以尽快减少误差、消除稳态误差。

仿人智能积分控制规则右边部分为解析描述的模糊控制规则，左边的部分是用特征变量对被控动态过程特征的定性判断。在控制过程中，计算机通过特征变量识别出被控动态过程特征，然后通过执行相应的模糊控制规则对被控对象施加精确控制。不难看出，仿人智能积分控制规则模拟了人的从启发式判断到直觉推理的过程，这就是从定性判断到定量控制的综合推理的智能控制行为。

14.5.5　仿人智能采样控制

占据控制领域绝大部分的过程控制有两个需要解决的难题：一是被控过程存在时间滞

后问题；二是多变量控制存在耦合问题。人工控制具有较大时间滞后的过程系统时，所采用的基本控制策略是：

等等 → 看看 → 调调 → 再等等 → 再看看 → 再调调 ……

图 14.7（原教材图 4.11）为一种智能采样控制系统的原理图，其中，INT 为智能器，它控制着一个智能采样开关 K。当被控制变量偏离期望值时，智能器发出 K 开关闭合的信号，进行采样，控制器进行闭环控制，直到被控变量有回复到平衡位置趋势为止；当被控系统误差值在允许范围内时，开关 K 断开，系统处于开环工作状态，此时对象所需的能量由控制器或由对象已存储的能量供给。智能采样控制是一种闭环中有开环，开环中含闭环的新颖控制方式，它的整个工作过程就像一个经验丰富的操作人员在控制，既能连续地观察，又能根据需要进行实时校正。所以这种控制具有很强的鲁棒性、快速性，并且很容易通过微机程序来实现。

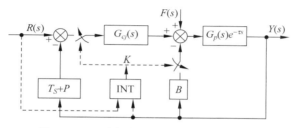

图 14.7 一种智能采样控制系统的原理图

14.5.6 仿人极值采样控制

仿人极值采样控制的基本思想是：采用"保持"特性取代积分作用，从而有效地消除了积分作用带来的相位滞后和积分饱和问题；将线性与非线性特点有机地融为一体，使得非线性元件能适用于叠加原理；用"抑制"作用来解决控制系统的稳定性与准确性、快速性之间的矛盾。仿人极值采样智能控制器的静特性如图 14.8（原教材图 4.12）所示。

OA 段 $e \cdot \dot{e} > 0$，为尽快拟制系统误差增加趋势，采用高增益比例控制。

AB 段 $e \cdot \dot{e} < 0$，为防止系统误差从极值点回落太快出现回调，施加阻尼作用，采用低增益拟制比例控制模式，有助于改善系统品质，增加稳定裕度。

BC 段系统误差从极值点回落，采用开环保持模式。

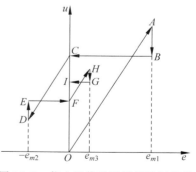

图 14.8 仿人极值采样智能控制器的静特性

上述的 $OA \rightarrow AB \rightarrow BC$ 段为第 1 个控制周期,完成从比例 $\rightarrow$ 拟制 $\rightarrow$ 保持控制模式; $CD \rightarrow DE \rightarrow EF$ 段为第 2 个控制周期;$FH \rightarrow HG \rightarrow GI$ 段为第 3 个控制周期。第 2 个控制周期与第 1 个控制周期的控制作用方向相反,第 3 个控制周期与第 1 个控制周期的控制作用方向相同。按照这样循环周期控制下去,直到满足系统误差小于允许误差。

基于极值采样的仿人智能采样算法表达式如下:

$$U_n = \begin{cases} U_{o(n-1)} + K_p e, & e \cdot \dot{e} > 0 \text{ 或 } |e| > 0, \dot{e} = 0 \\ U_{on} = kK_p \sum_{i=1}^{n} e_{mi}, & e \cdot \dot{e} < 0 \text{ 或 } e = 0 \end{cases} \tag{14.3}$$

其中,U_n 为控制器第 n 次采样时刻度输出;U_{on} 为控制器的第 n 次保持值;e 和 $\dot{e}$ 分别为系统误差和误差变化;e_{mi} 为误差出现的第 i 次极值;K_p 为控制器的比例因子;k 为增益的衰减因子,$0 < k < 1$。

仿人极值采样智能控制算法采用分层的信息处理和决策,在线的特征辨识和特征记忆,开环与闭环结合的多模态控制,灵活地运用直觉推理和决策。这些特点体现了人的控制经验、启发式判断、直觉推理的控制决策行为。它不仅具有较高的智能性,而且具有良好的控制性能。

14.6 本章小结

专家控制系统、专家控制器与仿人智能控制都是基于专家的知识、规则、经验等对被控系统、过程等复杂对象进行控制的。因此,一般称它们为基于知识的系统,或知识基系统。奥本海姆教授将专门研究知识表示、知识利用和知识获取的学科称为知识工程,知识获取是建造专家系统的瓶颈。建造大型专家控制系统需要大量人力、物力、财力及较长的调试周期,除特殊需要外,对一些复杂非线性对象,一般尽可能采用模糊控制、专家控制器、仿人智能控制等方法,因为它们相对简单、易于实现,控制效果、控制精度可以满足工程需要。

启迪思考题解答

14.1 在仿人智能控制中,设计特征变量 $e \cdot \Delta e$ 及 $|\Delta e/e|$ 有何作用? 这两个特征变量各具有什么特点? 为什么将它们称为定性变量,而不称为定量变量? (原教材启迪思考题 4.9)

参考答案:仿人智能控制是让计算机模拟人工控制过程中人对被控动态过程变化趋势的判断,例如,在人工调节电压控制炉温的过程中,人通过温度表不仅可以观察到炉温升高或降低的变化趋势,而且能判断出变化过程的快慢程度。如何把人的这种观察、判断能力赋予计算机?

计算机有计算能力和记忆能力,通过设计特征变量 $e \cdot \Delta e$ 及 $|\Delta e / e|$,就可以把人对动态过程变化趋势的观察、判断能力赋予计算机。对于如图 14.9 所示的动态过程,表 14.1 列出了该动态过程曲线各阶段在 n 时刻的误差 e_n、误差变化 Δe_n 及 $e_n \cdot \Delta e_n$ 值的符号变化情况。

不难看出,当误差 e_n 和误差变化 Δe_n 异号时,动态过程向误差增大方向变化;而当误差 e_n 和误差变化 Δe_n 同号时,动态过程向误差减小方向变化。通过将误差 e_n 和误差变化 Δe_n 相乘得到 $e_n \cdot \Delta e_n$ 的符号正、负就可以判断动态过程误差变大或变小的趋势了。

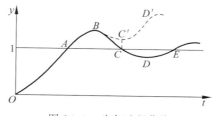

图 14.9　动态过程曲线

表 14.1　图 14.9 动态过程曲线各段特征变量符号的变化情况

特征变量	OA 段	AB 段	BC 段	CD 段	DE 段
e_n	>0	<0	<0	>0	>0
Δe_n	<0	<0	>0	>0	<0
$e_n \cdot \Delta e_n$	<0	>0	<0	>0	<0

特征变量 $|\Delta e / e|$ 值的大小可以反映出动态过程变化的快慢程度,将 $e \cdot \Delta e$ 和 $|\Delta e / e|$ 联合使用,既可以判断动态过程的变化趋势,又可以判断出变化的快慢程度。

如果将 $|\Delta e / e|$ 值设定一个区间, $\beta \leqslant |\Delta e / e| \leqslant \alpha$,其中 α 和 β 是根据控制过程的需要设定的常数。在如图 14.9 所示曲线的 AB 段,显然靠近 A 点的附近,误差小而误差变化大,因而 $|\Delta e / e|$ 值就大;相反,靠近 B 点的附近,误差大而误差变化小,因而 $|\Delta e / e|$ 值就小。处于 AB 中间的动态过程 $|\Delta e / e|$ 的值,显然也处于中等的情况。通过 $\beta \leqslant |\Delta e / e| \leqslant \alpha$ 把动态过程进一步细划分,可以为更好地做出控制决策提供依据。

特征变量 $e \cdot \Delta e$ 是一个符号变量, $|\Delta e / e|$ 是一个比值,是一个相对的量。它们都不是一个数值变量,不能称为定量变量。借助它们不仅可以判断动态过程的变化趋势,还可以判断动态过程变化的快慢程度,因此称它们为定性变量。

14.2　试比较专家控制、仿人智能控制和模糊控制三者之间的区别和联系。(原基础启迪思考题 4.13)

参考答案:专家控制、仿人智能控制和模糊控制器三者都是基于规则的智能控制形式,控制规则都是模拟人的智能控制决策行为。下面说明它们的不同之处。

专家控制源于对基于规则的专家控制系统的简化,一般由 IF-THEN 形式的产生式规则组成。采用前向推理方法,满足规则的条件,就启动这条规则。专家控制器适用于被控系统规模不是很大,但被控对象具有不确定性、非线性等复杂特性,采用传统线性控制理论难以控制的场合。

仿人智能控制源于对传统 PID 线性控制存在问题的分析:不变的控制参数以及不考虑被控动态特性需要,始终加积分的控制形式难以满足快、稳、准的控制性能指标。解决问题的方法是从分析人工控制行为入手,通过定义多个特征变量,由计算机利用这些特征变量模拟人对动态过程特征的判断、直觉推理的智能控制行为。仿人智能控制一般采用多条规则形式,一条规则的左边是定量描述的数学表达式,右边是用多个特征变量定性描述的执行规则的条件。因此执行控制规则的过程体现了定性定量综合集成推理的过程。

仿人智能控制的流程:计算机模拟人的行为功能→利用特征变量→识别动态过程特征→启发式判断→直觉推理→给出控制决策→对复杂对象施加控制……

模糊控制源于对人脑左半球模糊逻辑推理功能的模拟,它是反馈控制理论和模糊数学融合的产物。它与仿人智能控制器、专家控制器不同的是必须使用模糊语言变量,因而需要使用模糊逻辑推理,需要把输入的精确量通过模糊化变为模糊量,经模糊推理后得到的模糊量还需通过清晰化变为精确量,再对被控对象施加控制。

应该指出,专家控制器、仿人智能控制器和模糊控制器都是用计算机实现的数字负反馈控制,都属于基于专家经验、规则的智能控制形式。

第 15 章

递阶智能控制与学习控制教学
重点难点设计指导

萨里迪斯和傅京孙等在递阶控制和学习控制领域做了开创性工作。萨里迪斯等提出的递阶智能控制揭示了精度随智能降低而提高的原理。傅京孙等提出了基于模式识别的学习控制和再励学习控制。日本学者有本(S. Arimoto)提出了迭代学习控制和重复学习控制。邓志东提出异步学习控制将迭代学习控制和重复学习控制统一起来。本章的教学重点是萨里迪斯提出的多级递阶智能控制的结构及原理,难点是理解萨里迪斯提出的多级递阶智能控制系统精度随智能降低而提高的原理。学习控制的教学重点是学习控制的基本思想以及实现学习控制的多种形式。

15.1 大系统控制的形式与结构

20 世纪 70 年代以来,随着科学技术的发展和社会进步,人们面临现代化大规模工业、经济、管理等大系统自动控制的迫切需求,逐步形成了大系统的结构及控制理论。

大系统一般是指系统阶次高、子系统数目多且相互关联、系统的评价目标多且不同目标间可能有相互冲突的系统等。大系统具有信息的采集和处理量大面广,具有多层多级的结构,采用集中和分散的控制方式。

15.1.1 大系统的递阶结构

人们研究大系统问题时通常基于它的结构分层次、分级别来解决、处理,从而形成了大系统的多级递阶结构。例如,国家行政系统有中央、省、市、县;高等教育系统有大学、院、系；生产系统有工厂、车间、工段等。多级递阶结构中的多级是指按照子系统重要程度分成若干级别，递阶就是从高到低、从大到小罗列形成的阶梯结构。

同样，通常把较复杂的大系统控制问题分解成若干互相关联的子系统控制问题来处理。对复杂大系统的控制采用多级多目标控制形式，将组成大系统的各子系统及其控制器按递阶的方式分级排列具有层次结构，便形成了如图 15.1（原教材图 5.3）所示的金字塔式的递阶控制结构。这种结构具有以下特点：

（1）上、下级是隶属关系，上级对下级有协调权，故上级控制器又称协调器，它的决策直接影响下级控制器的动作。

（2）信息在上下级间垂直方向传递，向下的信息（命令）有优先权。同级控制器并行工作，也可以有信息交换，但不是命令。

（3）上级控制决策的功能水平高于下级，解决的问题涉及面更广，影响更大，时间更长，作用更显著。级别越往上，其决策周期越长，越关心系统的长期目标。

（4）级别越往上，涉及的问题不确定性越多，越难作出确切的定量描述和决策。

（5）级别自下而上智能水平逐级提高，而精度逐级降低；级别自上而下智能水平逐级降低，而精度逐级提高。

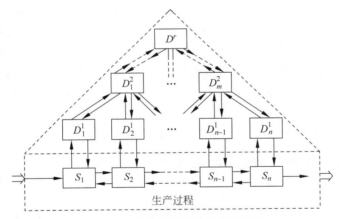

图 15.1　多级多目标的金字塔结构

15.1.2　递阶智能控制的结构与原理

递阶智能控制的结构一般分为组织级、协调级、执行级三级，如图 15.2（原教材图 5.5）所示。

1. 组织级

组织级是递阶智能控制系统的最上层、最高级，起到智能系统"大脑"的作用。它主要应用模糊逻辑、神经网络、专家系统、智能优化算法等人工智能技术进行任务规划,对一系列随机输入数据或语句的知识信息能够进行分析,在能辨别控制情况以及在大致了解任务执行细节的情况下组织任务,提出并不断适当修改控制模式以更好地完成总体任务。因此,组织级具有决策、协调、评价及学习能力。

2. 协调级

协调级是递阶智能控制系统的中间层、次高级,它的主要任务是接受组织级下达的命令,并经过实时处理,由分配器产生可供执行级具体执行的子任务。协调各执行级的控制作用,或者协调各子任务的执行。这一级只要求较低的运算精度,但要有较高的决策能力,甚至具有一定的学习能力。

3. 执行级

执行级又称控制级,它是递阶智能控制系统的最下层、最低级,直接去执行控制局部过程完成子任务。控制级和协调级相反,这一级必须高精度地执行局部任务,而不要求具有更多智能。

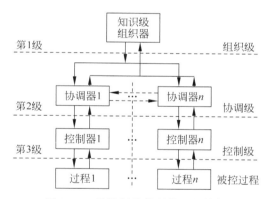

图 15.2　递阶智能控制的三级结构

萨里迪斯提出了著名的递阶智能控制系统精度随智能的降低而增高的原理,对于递阶智能控制系统的结构设计具有重要的指导意义。

15.2　递阶模糊控制

15.2.1　模糊变量与模糊规则间的数量关系

定理 15.1　如果模糊集合 F 中含有 m 个元素,一个规则中含有 n 个系统变量,则模糊

规则的全集中有 m^n 个不同的规则。(证明略)

上述定理表明规则数随着系统变量的数增加而指数增加,如 $n=4$, $m=5$,规则数为 $5^4=625$,若变量数增加 1 个,$n=5$,则规则数增加到 $5^5=3125$。这个问题称为模糊规则爆炸问题,致使多变量系统难以用多输入多输出来实现模糊控制。

15.2.2　递阶模糊控制规则

定理 15.2　对于含有 n 个系统变量的递阶模糊控制结构,如果 L 是递阶级数,n_i 为递阶的变量数,其中包括第 $i-1$ 级的输出变量($i>1$),则控制规则的总数 $k=\sum_{i=1}^{L} m^{h_i}$,其中,m 是模糊集合数,$n_1+\sum_{i=2}^{L}(n_i-1)=n$。(证明略)

由上述定理可得递阶级数 $L=(n-t)/(n-1)+1$,其中 $t=n_i=$ 整数($i=1,2,\cdots,L$),于是总的规则数变为 $k=[(n-t)/(n-1)+1]\times m^t$,即总规则数减小为系统变量 n 的线性函数。

定理 15.3　在含有 n 个系统变量的递阶结构中,如果 $m\geq2$,且 $n_i\geq2$(m、n_i 定义同定理 15.2),则规则集合总数在 $n_i=t=2$ 时达到最小值,当 $n_i=t=n$ 时达到最大值。(证明略)

上述定理指出,在递阶结构中,每级仅选择两个变量时,可使总规则数为最小。例如,根据定理 15.3,取 $n=4$, $m=5$,选 $n_i=t=2$,由定理 15.2 可得 $L=3$, $k=3\times m^t=3\times 25=75$。显然,当选取相同的 $n=4$ 与 $m=5$ 时,由于采用递阶模糊控制结构,使得总规则数由 625 减少到 75。

15.2.3　蒸汽锅炉的递阶模糊控制

蒸汽锅炉的外部联结如图 15.3(原教材图 5.7)所示。控制器的主要目的是使汽鼓(泡包)内的水位保持在期望值。蒸汽锅炉的动态模型有 18 个状态变量,基于其中 4 个变量,构造一个二级递阶模糊规则集,实现蒸汽锅炉的递阶模糊控制系统,如图 15.4(原教材图 5.8)所示。

蒸汽锅炉汽鼓的动态模型为

$$\dot{x}=Ax+B_d u_d+B_o u_o \tag{15.1}$$

其中,x 为系统状态向量;A 为系数矩阵;B_d 为扰动输入矩阵;u_d 为扰动阶跃输入;B_o 为输入矩阵;u_o 为由模糊控制器获得的输入。

该系统将所有系统变量和输出都在论域 $[-1,1]$ 中归一化。第一级模糊控制器的输入变量是期望水位及它的导数;第二级模糊控制器的输入变量是第一级输出的给水量以及蒸汽排出量、泄流量和上升混合流量的一个线性函数信号的导数,如式(15.1)所示。

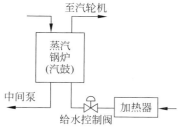

图 15.3　蒸汽锅炉的外部联结图

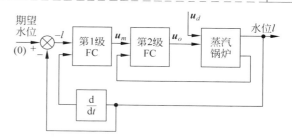

图 15.4　蒸汽锅炉的二级递阶模糊控制系统

关于蒸汽锅炉的二级递阶模糊控制系统的设计原理分析见本章启迪思考题 15.2 的解答。

15.3　学习控制系统

15.3.1　学习控制的概念

1977 年萨里迪斯指出,如果一个系统能对一个过程或其环境的未知特征所固有的信息进行学习,并将得到的经验用于进一步的估计、分类、决策和控制,从而使系统的品质得到改善,则称此系统为学习系统。将学习系统得到的学习信息用于控制具有未知特征的系统称为学习控制系统。

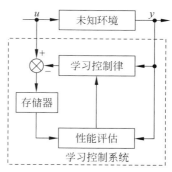

图 15.5　学习系统的方框图

萨里迪斯提出的学习控制系统如图 15.5(原教材图 5.10)所示。其中未知环境包括被控动态过程及干扰等,学习控制律有学习算法等多种形式。存储器用于存储控制信息及相关数据。性能指标评估是根据学习的经验以便更好地改进控制决策。

15.3.2　迭代学习控制

1984 年,日本学者有本等提出迭代学习控制算法是指对于具有可重复性的被控对象,利用控制系统先前的控制经验,根据实际输出和期望输出来寻找一个理想的输入特性曲线,使被控对象产生期望的运动。

迭代学习控制过程的原理如图 15.6(原教材图 5.11)所示,其中上下两个虚线框内分别是第 k 次和第 $k+1$ 次的运行过程。第 k 次迭代输出的结果存储后作为第 $k+1$ 次迭代的输入,以此类推,直至获得期望输出。学习控制律有多种形式,如 PID 型、PI 型学习控制律等。有本等在理论上证明了多种学习控制系统的收敛性。

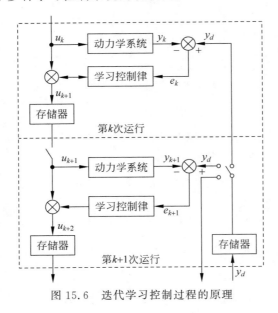

图 15.6　迭代学习控制过程的原理

15.3.3　学习控制的其他形式

从学习的角度考虑,具有学习功能的控制系统都可以归为学习控制系统。

1. 重复控制

根据内膜控制的原理,如果周期信号产生器的闭环传递函数包括在系统闭环内,那么可实现对外部周期信号的渐进跟踪。重复控制器只要保证系统周期的不变性,经过多个周期训练后,可在干扰不确定的情况下获得重复控制规律,在重复控制作用下使系统的实际输出逼近期望输出。

2. 异步自学习控制

在深入研究迭代自学习控制和重复自学习控制的区别与联系的基础上,1991 年,邓志东博士将这两种控制方法统一起来,提出了异步自学习控制理论。迭代自学习控制和重复自学习控制分别成为具有"间断"学习和"连续"学习的异步子学习控制。

3. 具有自适应机构的学习控制

自适应控制能够根据对本次反馈控制效果的评价结果,利用自适应机构在线调整控制参数以使下次的控制性能得到提高,这便是学习行为。

4. 基于神经网络的学习控制

神经网络通过学习算法,不断调整权矩阵,直至获得期望的从输入到输出的非线性映射,这一过程即为逼近被控对象逆模型的过程,从而实现对复杂对象的神经网络控制。

5. 基于模式识别的学习控制

基于模式识别的学习控制通过模拟人工控制过程中识别动态过程模式,对于不同的动态模式采取不同的控制策略。通过不断地识别和调整控制策略,使控制性能满足期望的指标。

6. 基于智能优化的学习控制

智能优化过程就是逼近目标函数的学习过程,将多种智能优化算法和控制相结合,可设计多种学习控制系统,如再励学习控制、遗传进化控制、免疫克隆控制等。

15.2　本章小结

把递阶智能控制和学习控制放在一章介绍,是因为萨里迪斯和傅京孙一起作为智能控制领域的先驱在递阶控制和学习控制方面做了开创性工作。递阶智能控制面向阶次高、子系统多、相互关联、评价目标多的复杂大系统;学习控制、迭代学习控制面向具有可重复性的被控对象,通过学习上一步的控制经验,改进下一步控制决策的迭代过程,便是学习控制的本质特征。

深刻理解萨里迪斯提出的递阶智能控制系统精度随智能的降低而增高的原理和学习控制的本质特征在于适应环境是本章教学的重点。

启迪思考题解答

15.1　试分析一个人坐着在桌子上写字的情形,大脑、上肢和手是如何构成三级递阶智能控制系统,控制写出字的。(原教材启迪思考题 5.3)

参考答案:人坐着在桌子上写字的情形构成了一个三级递阶智能控制闭环系统,其中大脑是组织级,上肢是协调级,手是执行级,眼睛通过视觉观察写字的笔迹信息回馈给大脑构成反馈环节。

大脑是作为最高级的组织级,由它发出要写某个字的指令。通常要写的字是学过的、熟悉的、认识的、写过的，因此写这个字的笔顺、如何写得好看的形象信息的程序早已存储在大脑中。写字的指令由大脑发出，通过神经系统传到上肢，上肢作为协调器，它把写该字的具体动作通过分配器下达给手及各个手指头。手作为最低级的执行级具体控制拿着的笔去完成写字的任务。在写字过程中，写出的笔迹通过视觉系统实时地传到大脑，并通过大脑与期望字的形象对比发现差异，及时地适当调整上肢的姿势，控制着手腕和手指的姿态写出好看的字。

上述的三级递阶智能控制系统，符合自上而下精度随智能降低而提高、自下而上精度随智能提高而降低的原理。当视觉及时发现写出的笔画太短后，大脑会马上发出修正信号再继续把该笔画写长一点的指令，通过上肢的协调，下达到手来执行具体动作。显然，大脑的命令把这个笔画再写长一点，是一个定性的模糊信息，具有不精确的特点，但这条命令具有较高的智能。而手在执行写的过程中写长一点却是一个精确量，它并不具有较高的智能。上肢是介于智能水平和精确性的中间状态。

15.2 在蒸汽锅炉的递阶模糊控制系统中，为什么在蒸汽锅炉动态模型 18 个状态变量中选 4 个变量作为控制变量？为什么选择 4 个控制变量，却采用蒸汽锅炉汽鼓的动态模型？

参考答案：从 18 个状态变量中选 4 个变量作为控制变量，体现了抓主要矛盾的思想，类似于线性控制理论中抓主导极点，分析和实验表明，这 4 个变量对被控性能影响大。忽略其他 14 个变量对控制精度的影响在允许范围内。这样可使控制系统的设计大为简化。

所选择的 4 个控制变量除了水位是一个独立变量外，其余 3 个变量包括在蒸汽锅炉汽鼓的动态模型的线性函数式(15.1)中，既然这 3 个变量有精确模型描述，就可以把这 3 个变量作为一个独立变量直接使用。于是 4 个控制变量就变为 2 个独立变量，这样就可以设计蒸汽锅炉的二级递阶模糊控制了。

不难看出，应用模糊控制时，并不排斥利用可获得的精确描述的变量。

第16章

智能优化原理与算法教学重点难点设计指导

本章首先给出最优化问题的描述及分类,阐述了优化与控制的关系;指出了人工智能与计算智能的区别与联系,智能优化算法有别于传统优化算法的特点及分类;论述了复杂适应系统理论是智能优化算法的理论基础。然后重点介绍了遗传算法、RBF 神经网络优化算法、粒子群优化算法、免疫克隆选择算法。遗传算法是智能优化算法的基础,它的交叉、变异思想常被用于改进其他智能优化算法的性能。最后简要介绍教学优化算法、正弦余弦算法、涡流搜索算法、阴-阳对优化算法的原理及特点,它们都具有算法原理简单、易于实现、寻优速度快等优点。

16.1 最优化问题的描述及其分类

最优化通常是指最大或最小某个多变量函数并满足一些等式或不等式约束。多变量函数最小化问题可以描述如下:

$$\min f(X), \quad X \in S$$
$$\text{s. t.} \quad g(X) \geqslant 0 \text{ 或 } g(X) = 0 \tag{16.1}$$

其中,$f(X)$ 为目标函数;$g(X)$ 为约束函数;X 为决策变量;S 为解空间。

决策变量简称变量,是在求解过程中选定的基本参数。对变量取值的种种限制称为约束。评价可行解的标准函数称为目标函数。因此,**变量、约束和目标函数称为最优化问题的三要素**。

上述最小化问题就是在解空间中寻找一个可行解 X(一组最佳的决策变量),使得目标函数 $f(X)$ 的值为最小(或最大)。

根据决策变量的取值类型,将最优化问题分为两类。

(1) 函数优化问题:决策变量均为连续变量的最优化问题称为函数优化问题。

(2) 组合优化问题:决策变量均为离散变量的最优化问题称为组合优化问题。

16.2 优化问题与控制问题之间的关系

哈佛大学著名自动控制专家何毓琦(Yu-Chi Ho)教授曾指出:"任何控制与决策问题的本质均可以归结为优化问题。"决策问题本质上是优化问题,控制问题和优化问题之间的关系可以用初等数学中的二次函数来解释。求一元二次函数为 0 的解属于解方程的问题;求一元二次函数的极值问题就是优化问题。计算机通过采样进行闭环控制的过程相当于通过迭代方法对数学方程求数值解,闭环控制的目标是使系统误差最小,而迭代解方程的目标是得到最精确的数值解,二者的目标都是获得一个"最值",或者说是最优值。

由上面的例子不难看出,方程求解和求极值是一个函数问题的两个方面,本质上是统一的。控制是为了获得期望的性能指标,决策是为了达到特定的目标,因此任何控制与决策问题的本质均可以归结为优化问题。

16.3 人工智能与计算智能的关系

人工智能(Artificial Intelligence,AI)是指利用计算机模拟人脑的思维功能及人在和环境交互过程中的适应行为、学习行为、意识的能动性等。在人工智能的长期研究过程中,逐渐形成了用计算机模拟人类智能的 3 种途径:符号主义、联结主义、行为主义。

计算智能(Computational Intelligence,CI)是指用计算机通过某些优化算法来模拟生物、自然现象、规律中蕴含的信息存储、处理、适应、进化、优化机制而体现出的智能。这种智能是在优化算法的执行计算过程及优化结果中表现出来的,即这种智能是靠算法"计算"出来的,故称为计算智能,因此把这种优化算法也称为计算智能优化算法。"计算"是靠软件实现的,被扎德称为软计算。

人工智能和计算智能是两个密切相关又有区别的概念。二者的相同点在于,它们都是用计算机模拟智能行为。不同点在于,人工智能侧重在模拟人类的智能行为,问题求解是传统人工智能的核心问题;计算智能着重模拟生物、动植物、自然现象等群体的适应、进化过程中的优化特性、灵活性、智能性,问题优化是计算智能的核心问题。

从广义上讲,计算智能涵盖人工智能,因为人也是生物,但人类是有别于自然界中其他生物、生命的高级生命,故本书将二者区别开来,这对于正确认识智能控制的学科交叉结构,以及提高设计智能控制系统的智能水平都是有益的。

智能控制中的智能应该包括人工智能和计算智能两部分,其中人工智能主要用于提高控制规律的智能水平,计算智能主要用于优化控制参数乃至控制结构,以使智能控制规律的执行达到最佳水平,二者相互配合可以提高智能控制系统的智能水平,以获得最优的控制性能。

16.4　智能优化算法与传统优化算法

传统优化算法同传统控制一样,它们都需要对象的精确数学模型。如果对象缺乏精确的数学模型或者模型非常复杂,传统的控制理论就难以应用,同样,传统的优化算法也难以实现。传统的优化算法除了需要被优化问题的精确数学模型外,还存在以下不足:

基于梯度的搜索方法不能用于非连续的目标函数,难以对离散问题优化,易陷于局部最优。优化解对随机选定的初始条件依赖性较大。一种传统的优化算法难以用于多种类型问题的优化。特别地,传统的优化算法不能用于并行运算。

对于缺乏精确的数学模型或者模型非常复杂的被控对象,通过计算机模拟人的思维功能及其智能控制决策行为,设计的模糊控制、神经控制及专家控制等智能控制方法都获得了极大的成功。

对于缺乏精确的数学模型或者模型非常复杂的优化问题,通过计算机模拟生物、生态及自然现象、规律等系统中蕴含的信息存储、处理、交换、适应、竞争、进化、优化机制,人们设计了许多进化算法、仿生算法、群智能优化算法、自然计算等并获得了广泛的应用。

智能优化算法和传统优化算法相比具有如下特点:

(1) 不依赖于优化问题的精确数学模型,模拟生物进化的智能行为特征,具有智能性。

(2) 对目标函数和约束函数的要求具有宽松性。

(3) 能适应不同初始条件进行寻优,具有适应性。

(4) 采用启发式随机搜索能够获得全局最优解或准最优解,具有全局性。

(5) 一种智能优化算法往往可以用于求解多种类型优化问题,具有通用性。

(6) 不同种类的智能优化算法适当组合成混合优化算法可实现优势互补,具有灵活性。

(7) 适用于对复杂大系统问题的并行求解,具有并行性。

(8) 多数智能优化算法可以进入传统优化的禁区,具有优化速度快、精度高等优点。

智能优化算法虽然有很多优点,但也存在一些不足,如对多数智能优化算法的收敛性证明比较困难,有些算法参数较多,多数算法的速度还不能令人满意等。

16.5　智能优化算法的分类

智能优化算法尚没有统一的分类标准,本书根据模拟对象不同,将智能优化算法划分为如下五大类。

(1) 仿人智能优化算法:模拟人体系统、社会团体、组织及国家等的智能行为。

(2) 进化算法:模拟生物生殖繁衍中的遗传、变异、竞争、优胜劣汰的进化行为。

(3) 群智能优化算法:模拟群居昆虫及动物的觅食、繁殖、捕猎策略等的群智能行为。

(4) 植物生长算法:模拟植物生长的向光性、根吸水性、种子繁殖、花朵授粉等行为。

(5) 仿自然优化算法:模拟风、雨、云等自然现象,数、理、化定律等的自然计算。

近 30 年来,新的智能优化算法不断涌现,从算法的数量和上升趋势看,群智能优化算法和仿自然优化算法占据主导地位,其次是仿人智能优化算法和进化算法,最后是植物生长算法。

16.6　智能优化算法的理论基础

有关智能优化算法的理论基础的内容可作为一般介绍,因为这部分内容涉及的知识面比较广。例如,从系统科学的角度研究涉及复杂适应系统理论;从算法收敛性的角度研究涉及图论、马尔可夫过程;等等。

本书从系统科学的角度,提出复杂适应系统理论是智能优化算法的理论基础。复杂适应系统(Complex Adaptive System,CAS)理论是被称为"遗传之父"的霍兰在 1994 年提出的。1995 年,霍兰在他的《隐秩序——适应性造就复杂性》一书中,详细论述了复杂适应系统理论。

复杂适应系统理论把系统中的个体(成员)称为具有适应性的主体(adaptive gent),简称为主体(agent)或智能体。适应性是指个体与其他个体之间、与环境之间能够进行"信息"交流,并在这种不断交流的过程中逐渐地"学习"或"积累经验",又根据学到的经验改变自身的结构和行为方式,提高个体自身和其他个体的协调性及对环境的适应性,从而推动系统不断演化,并能在不断演化的过程中使系统的整体性能得以进化,最终使系统整体涌现出新的功能。复杂适应系统理论具有以下特点:

(1) 复杂适应系统中的主体是具有主动性、适应性的"活的"实体。

(2) CAS 理论认为,主体之间、主体与环境之间的相互作用和相互影响是系统演化和进化的主要动力。CAS 中的个体属性差异可能很大,使得个体之间的相互作用关系变得更复杂多变,进化过程越发丰富多彩。

(3) CAS 理论给主体赋予了聚集特性,能使简单主体形成具有高度适应性的聚集体。主体的聚集效应隐含着一种正反馈机制,极大地加速了演化的进程。可以说,没有主体的聚集,就不会有自组织,也就没有系统的演化和进化,更不会出现新的系统功能。

(4) CAS 理论把宏观和微观有机地联系起来,这一思想体现在主体和环境的相互作用中,即把个体的适应性变化融入整个系统的演化中统一加以考察。微观上大量主体不断地相互作用、相互影响,导致系统宏观的演化和进化,直到新的系统功能出现。

（5）在 CAS 理论中引进了竞争机制和随机机制,从而增加了复杂适应系统中个体的主动性和适应能力。

16.7　遗传算法

1. 遗传算法的原理

根据达尔文进化论的自然选择学说和孟德尔的遗传学说,地球上的生物在漫长的生长繁殖过程中通过遗传使物种保持了相似的后代,部分物种由于变异产生了新物种。由于自然界资源有限,数量急剧增加的物种通过激烈竞争、优胜劣汰得以不断进化。

控制生物遗传的物质单位称为基因,每个基因在染色体上的有序排列代表了遗传信息。在遗传过程中,父代通过复制方式给子代传递遗传信息,还会发生 3 种形式的变异:基因重组、基因突变和染色体变异。基因重组指控制物种性状的基因发生了重新组合,基因突变指基因分子结构的改变,染色体变异指染色体结构或数目上的变化。

2. 遗传算法的基本操作

遗传算法通过选择、交叉和变异 3 种操作模拟生物的遗传进化过程,如图 16.1(原教材图 6.1)所示。

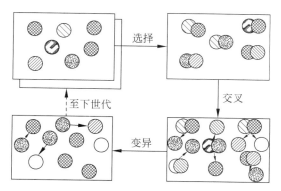

图 16.1　遗传算法的基本操作过程

（1）选择:选择又称复制,指从种群中按一定标准选定适合作亲本的个体,通过交配复制出子代。首先要计算个体的适应度,常用的选择方法是根据与个体适应度成正比的概率决定于其子孙的遗留。

（2）交叉:交叉是把两个染色体重组的操作,交叉有单点交叉、多点交叉等多种方法。

（3）变异:变异指基因以一定的概率将 0 变为 1、1 变为 0 的操作,变异有局部随机搜索的功能,相对而言,交叉具有全局随机搜索的功能。

3. 遗传算法的实现步骤

（1）群体初始化，随机生成一定规模的每个初始染色体。

（2）根据目标函数计算每个个体的适应度值。

（3）选择操作：根据计算出的每个个体的适应度值和选择方法进行选择复制操作。

（4）交叉操作：根据确定的交叉方法和交叉概率进行双亲结合产生子代。

（5）变异操作：根据确定的变异方法和变异概率，对个体编码中的部分信息进行变异，从而产生新的个体。

（6）判断是否满足算法终止条件，若满足则转至步骤（7），否则转至步骤（2）。

（7）输出最好的个体作为最优解，算法结束。

原教材中例 6.1 的求解过程有助于理解遗传算法的原理和实现步骤，建议重点讲解。

4.【重点】遗传算法的意义及其给予人们的重要启示

（1）遗传算法的 3 个基本操作是选择、交叉和变异。选择体现了优胜劣汰的思想，选择优秀的个体从何而来，靠交叉和突然变异操作获得，交叉和变异实质上都是交叉。交叉有助于全局搜索，变异有助于局部搜索。算法不断地循环执行选择、交叉和变异的操作，逐渐逼近全局最优解。

（2）遗传算法之所以重要，不仅是因为它已成为衍生出许多进化算法的重要理论基础，而且其交叉和变异的思想被引入许多其他群智能优化算法以提高性能。

（3）遗传算法为了获得新的优秀个体采用的交叉和变异操作，本质上是交叉。交叉的思想早已超出了算法的范畴，已经广泛应用于科学研究的学科交叉研究，诞生了许多新学科，获得了许多新成果。

维纳在《控制论》第 1 版的序言中指出，在科学发展上可以得到最大收获的领域是各种已经建立起来的部门之间的被忽视的无人区。正是这些科学的边缘区域，给有修养的研究者提供了最丰富的机会（作者注：上述的无人区，边缘区域，正是两个或多个已有学科的交叉区域、交集，有可能是产生新兴交叉学科的处女地）。

维纳在《控制论》第 2 版的序言中指出，如果一门新的学科是真正有生命力的，那么，它的引人产生兴趣的中心就必须而且应该随时间而转移。因此，控制论学家应该继续走向新的领域，应该把他的大部分注意力转到近十年发展中的新兴思想上去。

16.8   粒子群优化算法

1. 粒子群优化算法的原理

粒子群优化（Particle Swarm Optimization，PSO）算法又称微粒群算法。PSO 算法的

基本思想是模拟鸟类的捕食行为。在鸟群飞行过程中,每只鸟在初始状态下处于随机位置,且朝各个方向随机飞行。但随着时间的推移,处于随机飞行的鸟通过相互跟踪(相互学习)自组织地聚集成一个个小群落,并以相同的速度朝相同方向飞行。当一只鸟发现食物源并向其飞去时,会带动各个小群落的鸟向食物源方向飞去,最终聚集在食物源的位置。鸟类寻找食物源或栖息地的过程与对一个特定问题寻求最优解答过程相似。PSO 算法从这种思想得到启发,将其用于解决连续变量的优化问题。

2. 粒子群优化算法的描述

设每个优化问题的解都是搜索空间中的一只鸟,把鸟视为空间中的一个没有重量和体积的理想化质点,称为微粒或粒子。每个粒子都有一个由被优化函数所决定的适应度值,还有决定其飞行方向和距离的速度。然后粒子们追随当前的最优粒子在解空间中搜索最优解。

基本粒子群优化算法的速度更新和位置更新公式如下:

$$v_{ij}(t+1)=v_{ij}(t)+c_1 r_{1j}(p_{ij}(t)-x_i(t))+c_2 r_{2j}(p_{gb}(t)-x_{ij}(t)) \quad (16.2)$$

$$x_{ij}(t+1)=x_{ij}(t)+v_{ij}(t+1) \quad (16.3)$$

其中,$v_{ij}(t)$ 为粒子 i 第 j 维 t 时刻的运动速度;c_1 为个体认知系数,c_2 为社会学习系数;r_{1j}、r_{2j} 分别为 $(0,1)$ 中两个相互独立的随机数;$p_{gb}(t)$ 为所有粒子经历过的全局最好位置。

粒子速度更新公式(16.2)的右边共有三项,其中第一项表示粒子 i 第 j 维在 t 时刻的速度;第二项表示粒子 i 考虑个体经历的最好位置;第三项表示考虑所有粒子经历过的全局最好位置。式(16.3)表明,粒子在 $t+1$ 时刻的速度更新是在 t 时刻的速度基础上,再考虑个体自身至今经历的最好位置以及所有粒子至今经历过的全局最好位置这两个因素进行调整。

3. 粒子群优化算法的实现步骤

(1) 初始化所有个体(粒子)的速度和位置,将个体的历史最优位置设为当前位置,群体的最优位置作为当前群体的最优位置。

(2) 计算每一代进化过程中每个粒子的适应度值。

(3) 若当前粒子的适应度值比历史最优值好,则用当前粒子的位置取代历史最优值。

(4) 若该粒子的历史最优值比全局最优值好,则全局最优值将被该粒子历史最优值取代。

(5) 对每个粒子 i 第 j 维的速度和位置分别用式(16.2)和式(16.3)进行更新。

(6) 若满足终止条件,则输出全局最优解并结束,否则转至步骤(2)。

4.【重点】粒子群优化算法的特点及其意义

(1) 从一组解到搜索另一组解的过程,同时处理群体中多个个体的方法具有并行性。

（2）采用实数编码，无须转换，直接在问题域上进行处理，算法简单、速度快、高效。

（3）对种群规模要求不高，粒子长度和范围由问题决定，需要调节的参数少，易于实现。

（4）在迭代过程中，每个粒子通过自身经验与群体经验进行更新，具有学习功能。

（5）PSO 原创者推出了离散版本，因此 PSO 既可用于连续优化，也可用于离散优化。

PSO 算法是继蚁群优化（ACO）算法之后模仿生物群智能的又一个典型代表。科学家很早就发现鸟类等动物在迁徙、捕食过程中表现出的高度的组织性、规律性的群体行为。社会心理学家早就揭示了人类及动物在群体活动过程中表现出的群体智能。

PSO 算法的原创者电气工程师 Eberhart 和心理学家 Kennedy 结合各自的研究背景进行合作，把社会心理学上的个体认知、社会影响、群体智能等思想融入组织性和规律性的群体行为中。他们在设计 PSO 算法的过程中，不是考虑遗传算法的选择、交叉和变异操作，而是考虑将个体认知和社会影响这些心理学的理论融入了群体活动。从这一点来看，PSO 算法也是学科交叉研究的结晶。

16.9   免疫克隆选择算法

生物免疫学是医学研究的前沿领域，也是诺贝尔奖项最多的医学领域。生物免疫系统从复杂性和智能性来衡量，被称为第二大脑。它的主要功能是识别入侵生物机体的外来易致病的"异体成分"并发生排斥反应，以维持机体的自身免疫系统稳定。

生物免疫系统是一个并行的分布式自适应系统，它具有识别、记忆、学习、优化等多种信息处理机制。免疫克隆算法就是模拟这些信息处理机制对问题进行优化求解。

1. 免疫的基本概念

免疫从字面上解释，"免"指去掉、除掉、避免；"疫"指诱发流行性传染病的病原体（病毒）。免疫是指避免各种致病病毒对生物机体的感染。为了模拟生物免疫机制，提出以下主要概念。

抗原：被免疫系统看作异体的病原体、病毒、抗原一般都是外来的。

表位：通俗地讲，指抗原分子表面的特殊形状。

受体：识别抗原表位的 B 细胞表面的免疫球蛋白。

抗体：识别出抗原的 B 细胞受到抗原刺激后转化为与抗原结合的免疫球蛋白。

亲和力：抗原与抗体的互补匹配程度决定它们之间的结合力。

免疫应答：免疫细胞对抗原分子识别、活化、增殖、分化并消灭抗原的过程。

【注释】　抗原和抗体是矛盾对立的双方，抗原入侵机体生存繁殖妄图使机体致病，抗体是为了消灭抗原保护机体。因此，免疫就是生物机体用抗体消灭入侵抗原避免致病的过程。

2. 免疫系统组织结构及克隆选择理论

免疫系统的免疫功能主要是由免疫细胞完成的,免疫细胞包括中枢免疫器官的骨髓和胸腺产生 B 淋巴细胞和 T 淋巴细胞,它们对于抗原分子的识别、活化、增殖、分化,最终发生一系列适应性免疫反应过程。B 细胞的克隆选择过程如图 16.2(原教材图 6.8)所示。

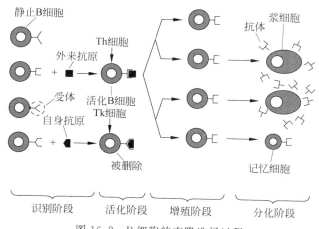

图 16.2　B 细胞的克隆选择过程

免疫细胞还包括由骨髓产生的吞噬细胞,它形成先天性的免疫机制,能够吞噬外来颗粒,如微生物、大分子,甚至损伤或死亡的自身组织。

【重点】 克隆选择理论

克隆选择理论将受抗原刺激的淋巴细胞的增殖过程称为克隆扩增。B 细胞在克隆扩增中发生超突变(高频变异)以产生 B 细胞的多样性,同时也产生与抗原亲和力更高的 B 细胞的抗体,使 B 细胞的免疫应答具有进化和自适应的性质。而 T 淋巴细胞的克隆扩增不发生超突变,其效应细胞是淋巴因子、Th 或 Tk 细胞。Th 细胞分泌细胞因子促进 B 细胞扩增,而 Tk 细胞直接攻击杀死内部带有抗原的细胞。

若由骨髓产生的 B 细胞识别出自身抗原,则该 B 细胞在其早期就被删除,因此免疫系统中没有与自身抗原反应的成熟 B 细胞,这就是免疫系统的反向选择原理。

B 细胞的克隆选择过程分为 4 个阶段:抗原入侵→识别阶段(B 细胞表面形状与抗原表位互补产生亲和力而结合)→活化阶段(在 Th 细胞作用下 B 细胞活化)→增殖阶段(活化的 B 细胞扩增产生高亲和力 B 细胞)→分化阶段(高亲和力 B 细胞分化为抗体分泌细胞即浆细胞)→消灭抗原。

3. 免疫应答中的识别、进化、正反馈、自适应、学习、负反馈、记忆、优化机理

(1) 识别:B 细胞寻求表位与自身受体形状互补的抗原,即为抗体对抗原的识别过程。

（2）进化、正反馈、自适应：B 细胞活化过程体现出了进化，扩增体现出正反馈，超突变体现了自适应。

（3）学习、负反馈、记忆、优化：通过克隆选择提高 B 细胞亲和力（学习），亲和力更高的 B 细胞分化为浆细胞产生抗体消灭抗原（负反馈）和记忆细胞（记忆），搜索高亲和力的 B 细胞（优化）。

4. 免疫克隆选择算法

免疫算法没有一个统一的算法，已提出的有反向选择算法、免疫遗传算法、克隆选择算法、基于免疫网络的免疫算法和基于疫苗的免疫算法等。免疫算法的基本流程和免疫克隆选择算法的流程分别如图 16.3（原教材图 6.12）和图 16.4（原教材图 6.13）所示。

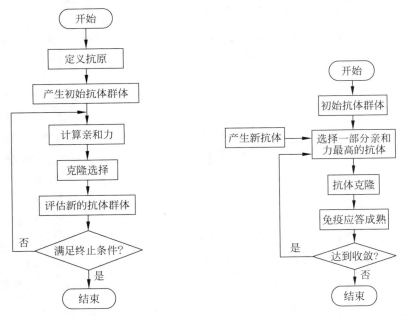

图 16.3   免疫算法的流程图   图 16.4   免疫克隆选择算法的流程图

由于免疫克隆选择算法相对简单，算法速度快，可以用于函数优化、组合优化及模式识别等问题，因此在免疫算法中占有重要地位。下面介绍克隆选择算法的实现步骤。

（1）随机产生一个包含 N 个抗体的初始群体。

（2）计算群体中每个抗体（相当于一个可行解）的亲和力（即可行解的目标函数值），根据抗体的亲和力，选出 n 个亲和力最高的抗体。

（3）对被选出的每个抗体均进行克隆，每个抗体克隆出若干个新抗体，抗体的亲和力越高，其克隆产生的抗体越多。这通过将这些抗体按其亲和力的大小降序排列方法实现。

（4）对这些新个体进行免疫应答成熟操作（即新个体发生变异以提升其亲和力），这些变异后的抗体组成下一代群体。

（5）从群体中选出一些亲和性最高的个体加入记忆集合，并用记忆集合中的一些个体替换群体中的一些个体。

（6）用随机产生的个体替换群体中的一部分个体。

（7）返回步骤（2）循环计算，直到满足结束条件。

16.10　教学优化算法

教学优化（Teaching-Learning-Based Optimization，TLBO）算法是 2011 年由印度学者 R. V. Rao 等提出的一种仿人教学活动的优化算法。教学优化算法的核心思想是把群体的最优秀的个体作为教师，其余个体作为学生。学生通过教师的教学活动和学生之间的相互学习来提高知识的水平，通过教学阶段和学习阶段不断交替进行，最优秀的个体在不断更新，直至获得最优解。

该算法对变量的初始值依赖度不高，使用一组解进而去搜索全局解，具有参数少、结构简单、易于实现、精度较高、收敛速度快等特点。TLBO 算法不仅可用于求解非线性、多约束的多目标优化问题，也被用于和其他智能优化算法结合以提高优化性能。

16.11　正弦余弦算法

正弦余弦算法（Sine Cosine Algorithm，SCA）是 2016 年由澳大利亚学者 Mirjalili 提出的一种仿数学规律的优化算法。其核心思想是利用正弦和余弦函数循环变化规律及振幅大小可调特性，来协调全局探索和局部开发之间的平衡关系。

SCA 在搜索空间中设每个个体位置对应一个可行解，在下一次迭代中，个体的位置更新是通过定义一个随机参数改变正弦和余弦函数的振幅来选择在两个位置之间或之外的位置实现的。这种机制分别保证了正弦和余弦函数的振幅在某些范围内是全局探索阶段，而在其他范围内则是局部开发阶段。通过设置调整参数自适应改变正、余弦函数振幅，在寻找可行解的过程中实现探索和开发间的平衡，并最终找到全局最优解。

SCA 具有参数设置少、容易实现、收敛精度高和收敛速度快等特点，可用于高效优化求解约束和未知搜索空间的工程问题，也常被用于和其他智能优化算法结合以提高优化性能。

16.12   涡流搜索算法

涡流搜索(Vortex Search,VS)算法是 2015 年由土耳其学者 Dogan 和 Olmez 提出的一种仿涡流现象的搜索算法。当水流遇低洼处所激成的螺旋形涡流,水体处在旋涡外层的旋速最快,速度与半径成反比。处在旋涡内中层的旋速次之,旋速与半径成正比。处在旋涡内层中心周围的旋速最小,在涡流中心(涡心)处圆周速度为零。涡流现象的生成过程和单解的优化问题求解过程类似。

涡流搜索算法把最优解的搜索过程类比涡流从外层、中层到内层,直至到涡心的涡流模式。涡流搜索算法把涡心作为问题的最优解。算法根据迭代次数采用自适应调整搜索半径的策略,以达到在搜索过程中探索与开发之间的平衡。涡流搜索算法具有参数较少,迭代迅速,能够在较短的时间内找到最优解的特点。

16.13   阴-阳对优化算法

阴-阳对优化(Yin-Yang-Pair Optimization,YYPO)算法是 2016 年由印度学者 Varun Punnathanam 等提出的一种仿哲学辩证思维的优化算法。它的最大特点不是模拟任何特定的生物群体行为、物理现象或机制,而是运用阴阳平衡的哲学思想保持进化中探索和开发之间的平衡,从而提高最优解的搜索效率。

阴-阳对优化思想是根据中国古代哲学的阴阳学说,认为宇宙中的许多事物都是相互依存的阴和阳两个方面,如果没有一个,另一个就不会存在。一个方面逐渐改变到另一个方面,这个变化的周期不断地重复,这两个方面之间的平衡导致了和谐状态。YYPO 算法是用阴阳学说寻求探索和开发之间的平衡,以有效提高最优解的搜索效率。

阴-阳对优化算法的决策变量是两个点,有 3 个调节参数,具有时间复杂度低的特点,测试结果表明其性能和多种其他智能优化算法相比具有较强的竞争力。

16.14   本章小结

智能控制系统为了获得期望的控制性能,除了设计智能控制器的结构、控制规律或控制算法外,还有一些控制参数。在控制过程中为了适应复杂被控动态过程的变化,需要实时地调整这些参数。因此,需要依靠不基于优化对象模型且优化速度快的智能优化算法。智能优化算法实际上是人工生命系统或人工复杂适应性系统,这样的系统在不断适应变化的环境过程中造就了复杂性,从而完成了对复杂对象的优化任务。

本章在介绍作为智能优化算法基础的遗传算法基础上,重点介绍粒子群优化算法、免疫克隆选择算法等可用于智能控制系统的快速智能优化算法。

启迪思考题解答

16.1 怎样理解遗传之父霍兰在他的著作中提出的"适应性造就复杂性"的深刻含义?(原教材启迪思考题 6.6)

参考答案:绝大多数智能优化算法都存在个体与个体、个体与群体、群体与群体间的相互作用、相互影响等,这种相互作用都存在着非线性、随机性、适应性及仿生智能行为等特点。因此,智能优化算法本质上属于人工复杂适应性系统,旨在使系统中的个体以及由个体组成的群体具有主动性和适应性,这种主动性和适应性使该系统在不断演化中得以进化,而又在不断进化中逐渐提高适应性以达到优化的最终结果。进而使这样的系统能够以足够的精度去逼近待优化复杂问题的解。因此,作者认为具有智能模拟求解和智能逼近的特点是智能优化算法的本质特征,这也正体现出复杂适应系统理论的精髓——适应性造就了复杂性。

关于适应性造就复杂性的问题,我们可从轿车的发展过程来看,原来的基本结构包括发动机、变速箱、驱动机构、操纵系统、电气系统等,每一部分都在采用新技术不断地更新换代,为了适应人们对驾驶轿车更高的需求,轿车变得越来越复杂,显然这种复杂源于不断适应需求的结果。从而说明适应性造就了复杂性。

16.2 人类的决策过程一方面要根据自己的经验,另一方面也要汲取他人的经验,这样有助于提高决策的科学性。具体说明粒子群优化算法是如何体现上述思想的。

参考答案:人们作决策过程既要根据自己的经验,又要汲取他人的经验,这样有助于作出正确的决策,避免犯错误、走弯路。在昆虫、鸟类社会中,也同样存在个体与群体之间的社会关系。例如,蚂蚁在寻找食物的过程中,一是根据自己的觅食经验,二是要沿着其他蚂蚁释放的信息素多的路径行进,这样就会找到一条距离食物源较近或最近的路径。

粒子群优化算法的提出受到鸟群捕食行为的启发,为了捕食,一只鸟在下一时刻的飞行速度,一方面要考虑自身经历的最好位置,另一方面又要考虑其他鸟经历的最好位置来校正自身的飞行速度。体现在粒子群算法上,鸟的飞行速度更新公式如下:

$$v_{ij}(t+1) = v_{ij}(t) + c_1 r_{1j}(p_{ij}(t) - x_i(t)) + c_2 r_{2j}(p_{gb}(t) - x_{ij}(t))$$

上式的右侧共有 3 项:第一项 $v_{ij}(t)$ 表示鸟 i 在 t 时刻第 j 维上的飞行速度;第二项 $c_1 r_{1j}(p_{ij}(t) - x_i(t))$ 表示粒子 i 考虑自身经历的最好位置,第三项 $c_2 r_{2j}(p_{gb}(t) - x_{ij}(t))$ 表示考虑所有粒子经历过的全局最好位置。因此,粒子 i 在 $t+1$ 时刻的速度更新是在 t 时刻的速度基础上,再考虑个体自身至今经历的最好位置以及所有粒子至今经历过的全局最好位置两个因素进行调整。

第17章

最优智能控制原理教学重点难点设计指导

最优智能控制应该同时具备控制器的结构和控制参数能够根据被控动态特性的需要在线自适应调整、优化的功能,从而使智能控制器发挥最优的控制效果。本章首先给出了最优智能控制的定义,阐述了最优智能控制的结构,以及最优智能控制的常用形式。然后介绍了智能控制系统中常用的 3 种快速智能优化算法,包括粒子群优化算法、RBF 神经网络优化算法和免疫克隆选择算法。最后介绍了分别利用这 3 种智能优化算法优化设计智能控制器的例子。

17.1　最优智能控制问题的提出

我们知道,高层建筑救火采用云梯以适应不同高度和方位的需要,云梯的节数和每节梯子的角度可以调节。其中梯子的节数可称为云梯的结构数,调节的角度可称为参数。同理,为了解决非线性复杂对象的控制问题,也需要对智能控制器的结构和控制参数根据被控对象动态特性的需要进行自适应调节。

智能控制器的控制参数一般都比较清楚,例如,模糊控制器的误差量化因子等,神经控制器中学习算法的学习率(步长)等,仿人智能控制中的比例系数、积分系数等。那么什么是控制器的结构参数呢? 模糊控制的规则是对于大偏差采用模糊 PD 控制,对于小偏差采用模糊 PID 控制,这就是一种模糊控制器结构的改变;神经控制器改变隐层数量就是改变结构形式;仿人智能控制根据系统的特征变量采用不同的控制模式,其中一种模式就是一种控制器的结构。

总之,所谓改变智能控制器的结构是指改变它的控制规律、规则等,而控制器的参数是指在控制器的一种结构形式下,所要调节的参数。

一般情况下被控对象的结构是不变的,但有些复杂对象在控制过程中其结构是变化的。

为了对这样的被控对象获得期望的控制性能,不仅需要根据动态特性调节控制参数,而且必要时,还需要调节控制器的结构,从而达到实现最优智能控制的目的。

17.2 最优智能控制的定义及结构

定义 17.1 最优智能控制是指系统处于不断变化的环境中,在对具有不确定性等复杂对象进行控制的过程中,具有模拟人脑记忆、学习、推理、自适应、自组织等智能决策行为,能对控制策略(规律、规则)和控制参数进行在线优化和自适应调整,能以安全可靠的方式执行控制动作,从而获得最优的性能指标。

最优智能控制的结构是智能控制器(规律、算法、规则)与智能优化算法的交集,智能控制器和智能优化算法都有多种形式,因此它们的交集就有多种组合方式,如图 17.1(原教材图 7.1)所示。

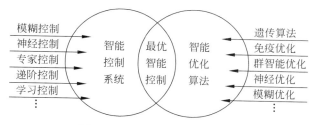

图 17.1 最优智能控制的结构

最优智能控制的实现在很大程度上取决于对智能优化算法的选择,因为优化过程需要一定的时间,又需要在控制过程两次采样的间隙完成,所以必须选择快速的智能优化算法。第 16 章介绍的粒子群优化算法、RBF 神经网络优化算法、免疫克隆选择算法都具有实现简单、快速的特点,它们常被用于在最优智能控制系统中优化控制参数或结构参数,或用于智能控制器的优化设计等。

最优智能控制的常用形式如下:
(1) 基于模糊神经网络的最优控制。
(2) 神经网络直接驱动的模糊控制。
(3) 免疫克隆优化的模糊神经控制。
(4) 神经网络优化的模糊控制器。
(5) 粒子群优化参数的模糊控制。
(6) RBF 网络在线优化的 PID 控制。

17.3　智能控制器的最优化设计举例

原教材中举了 3 个有关最优智能控制器的例子,简单介绍如下。

1. 基于粒子群算法的模糊控制器优化设计

为使模糊控制器获得最佳控制性能,采用粒子群优化算法对模糊控制器参数进行优化设计。为了提高常规模糊控制器稳态精度,采用模糊控制与 PID 控制相结合的双模控制。通过对参数具有严重不确定性、多扰动以及大迟延的电厂主蒸汽温度被控对象的仿真研究,表明粒子群算法寻优速度快,计算量小,对模糊控制器参数的优化设计效果显著,使得主蒸汽温度控制系统在不同负荷下均获得了很好的调节效果。

2. 基于 RBF 神经网络在线优化 PID 控制参数

RBF 网络是三层前馈网络,输入层到隐层是非线性映射,但与 BP 网络不同的是,隐层至输出层是线性映射。因此,它既能加快学习速度,又能避免局部极小问题。利用 RBF 神经网络的学习能力,使网络的权重系数、基宽向量和中心向量进行自动调整,可以在线优化PID 控制参数,如图 17.2(原教材图 7.8)所示。

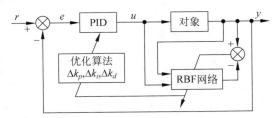

图 17.2　RBF 网络优化 PID 控制参数

3. 基于免疫克隆选择算法的模糊神经控制器优化设计

为了进一步提高免疫克隆算法的优化性能,在克隆操作的基础上引入高频变异操作,在选择策略上引入熵作为估算个体对搜索潜在的最优解作用的评价值,并以此作为选择抗体进入下一代的依据,更能充分地利用当前抗体群的信息进一步搜索更优解。

模糊神经网络控制器的优化设计问题可以归结为一个高维空间的搜索问题,规则库、神经网络基函数参数、对应模糊神经网络的权重可以映射成为高维空间的一个点。应用模糊神经网络设计带有误差补偿的 FNN 控制器。

基于改进的克隆选择算法优化设计的模糊神经网络控制器和传统的模糊控制器结构不完全相同,不需要量化输入状态变量,但要将误差变化率的状态变量线性反馈到输入端。应用改进克隆选择算法优化的模糊神经控制器对倒立摆控制的仿真系统如图 17.3(原教材图 7.12)所示。

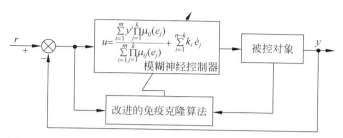

图 17.3　应用改进的克隆选择算法优化参数的模糊神经控制器

智能控制虽有模糊控制、神经控制、专家控制、仿人智能控制、学习控制、递阶智能控制等多种形式,但从实现简单、快速等方面来看,目前模糊控制仍然是实现智能控制应用最广和最有效的形式,其次是学习速度快的神经网络控制、仿人智能控制。实际上,仿人智能控制就是智能化了的 PID 控制形式。因此,用快速智能优化算法在线优化 PID 控制参数,用仿人智能控制中的特征变量来优化选择控制规则,实际上是在优化控制器的结构。

17.4　本章小结

为了使智能控制对非线性复杂被控对象获得期望的控制性能,需要根据被控对象动态特性的需要对智能控制器的控制参数乃至控制器的结构进行实时优化调节。因此,就需要优化速度快、算法简单、参数较少、易于实现的智能优化算法。本章介绍了分别利用粒子群优化算法、RBF 神经网络优化算法和免疫克隆选择算法设计最优智能控制器的例子。

实际上,最优智能控制器的设计包括两种形式:一种是离线优化设计的智能控制器可供在线使用;另一种是在控制过程中,运用运行速度快的智能优化算法在线优化控制参数乃至控制器的结构。从广义上讲,只要控制性能满足期望的性能指标,最优智能控制器也包括传统控制器与智能优化算法的融合。

除了用智能优化算法来优化控制器参数以外,有些情况下,根据优化特性的需要,可设计一些非线性函数形式,在线自适应优化调节控制参数,不仅实现简单,而且快速,并可获得更好的控制效果。

启迪思考题解答

17.1　说明最优智能控制和传统控制理论中的最优控制有什么本质区别。(原教材启

迪思考题7.8)

参考答案：传统的最优控制理论属于第二代控制理论——现代控制理论的重要组成部分，它研究在满足一定约束的条件下，寻求最优控制规律或控制策略，使得系统在规定的性能指标(目标函数)上达到最优值(取得极大值或极小值)。动态规划、最大值理论和变分法是最优控制理论的基本内容和常用方法。在建立最优化问题的数学模型后，主要问题是如何通过不同的求解方法解决寻优问题。一般有离线静态优化方法和在线动态优化方式，大致分为4类：解析法、数值法、解析与数值结合寻优方法、网络最优化方法。

最优智能控制属于第三代控制理论，它研究的系统处于不断变化的环境中，在满足一定的约束条件时，寻求最优的智能控制规律或控制策略，在对缺乏精确数学模型、具有不确定性等复杂对象进行控制的过程中，具有模拟人脑记忆、学习、推理、自适应、自组织等智能决策行为，能对控制策略(规律、规则)和控制参数进行在线优化和自适应调整，能以安全可靠的方式执行控制动作，从而获得最优的性能指标。

概括起来，最优智能控制理论和传统的最优控制理论的本质区别表现在如下几个方面。

(1) 传统的最优控制理论是需要被控对象的精确数学模型，而最优智能控制理论不需要被控对象的精确数学模型。

(2) 传统的最优控制理论主要解决线性系统最优控制问题，对于非线性系统的最优控制还面临不少困难，而最优智能控制理论在解决复杂非线性系统控制问题时显示出巨大潜力。

(3) 传统的最优控制理论需要规定控制系统的性能指标，如线性控制系统的二次型性能指标，而最优智能控制理论注重设计最优的智能控制规律或控制策略，并通过被控动态过程的需要用智能优化算法在线优化控制参数乃至控制系统的结构，使得系统往往获得超出预期的最优的性能指标。

(4) 传统的最优控制系统比最优智能控制系统的设计、实现等方面都更复杂，尤其在稳定性分析方面，通常采用李雅普诺夫方法或线性矩阵理论，设计的稳定性条件确定的控制参数等，往往具有较大的保守性。

17.2   如何理解"如何控制与决策"问题本质上都可以归结为优化问题。(原教材启迪思考题7.9)

参考答案：哈佛大学何毓琦教授曾指出："任何控制与决策问题本质均可以归结为优化问题。"决策是从多个策略中选择最好的策略以达到最优的目标，因此决策问题本质上是个优化问题。这样一来，控制、决策、优化三者之间就存在着密切的关系。

控制问题和优化问题之间的关系可以用初等数学中的二次函数来通俗地解释。求一元二次函数为0的解属于解方程的问题；求一元二次函数的极值问题就是优化问题。计算机通过采样进行闭环控制的过程相当于通过迭代方法对数学方程求数值解，闭环控制的目标是使系统误差最小，而迭代解方程的目标为了得到最精确的数值解，二者的目标都是为了获得一个"最值"，或者说是最优值。

由上面的例子不难看出,方程求解和求极值是一个函数问题的两个方面,本质上是统一的。控制是为了获得期望性能指标,决策是从多个策略中选择最好的策略以达到最优的目标,因此,任何控制与决策问题本质都可以归结为优化问题。

17.3　说明最优智能控制系统中的 3 个关键词"最优、智能、控制"各是什么含义以及三者之间如何配合才能实现最优智能控制。(原教材启迪思考题 7.10)

参考答案:最优智能控制系统中包含 3 个关键词:最优、智能、控制。下面就这 3 个关键词之间的关系加以解释。首先观察智能一词,它是处于智能控制集合与智能优化集合交集的中心位置,因为"智能控制"需要智能,"智能优化"需要智能。因此,"智能"一词是最优智能控制的核心词汇。

从"最优智能控制"中 3 个关键词的排列顺序看:最优→智能→控制,进一步写成:最优→智能控制,"最优"一词是修饰智能控制的。怎么来实现"最优"的"智能控制"呢?不难看出,"最优"需要最优的智能控制规则,最优还需要智能优化算法对智能控制规则的控制参数及控制结构进行优化设计,或在控制过程中根据被控动态过程特性的需要对它们进行在线优化或自适应调整。

总之,提高智能控制系统的智能水平,只有设计的智能控制规则(策略、规律、算法)和采用的智能优化算法之间最优的协调、配合,才能达到最优智能控制的目标。

第 18 章

智能控制的工程应用实例教学
重点难点设计指导

　　本章精选了 6 个智能控制和智能决策的应用实例。选择依据 4 个基本原则：一是属于智能控制和智能决策的主要类型；二是所设计的系统经过工程的实际应用，并收到良好的效果；三是对所设计的控制系统介绍完整、规范、可读性好；四是尽量选择近二十年来的应用成果。基于上述原则，在选择的 6 个应用实例中，包括模糊控制、神经网络控制、专家控制、学习控制、仿人智能控制，它们涵盖了智能控制的主要形式；最后一例是深度神经网络及强化学习在围棋人工智能程序 AlphaGo Zero 中的应用，属于智能决策方面的典型应用。

18.1　基于神经网络推理的加热炉温度模糊控制

　　在工业生产中，有大量的各种炉、窑需要控制。这样的控制对象动态特性复杂，难以建立精确的数学模型。即使建立的加热炉的数学模型也难以精确反映生产实际，造成实际使用中控制效果滞后、难以达到预期效果的问题。通过对某加热炉的工艺及燃烧情况的研究，分析了影响加热炉控制的诸多因素，该项研究采用模糊控制和神经网络相结合，应用神经网络的学习功能获得隶属函数并驱动模糊推理，进而达到求精加热炉温模糊控制规则的目的。如图 18.1(原教材图 8.1)所示的基于神经网络推理的模糊控制器，既能处理加热炉生产过程中的模糊和不确定因素，又能对加热炉控制过程中的非线性、时变性和滞后性具有较好的适应能力。

　　【点评】　本例是将神经网络和模糊控制相结合的一种典型形式，即基于神经网络推理的模糊控制。通过前馈神经网络学习功能获得优化的隶属函数，进而驱动模糊推理，给出模糊决策。隶属函数采用的是正态函数，神经网络层数包括多层，规则层中的神经元个数与模

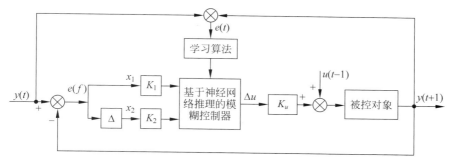

图 18.1　基于神经网络推理的模糊控制系统

糊规则的个数相等。

通过神经网络学习获得模糊控制隶属函数,一般采用 5 层前馈网络。第 1 层为输入语言结点,起传输信号到下一层的作用;第 2 层为输入结点,用一组结点来构成一个隶属函数,设定正态隶属函数的中心值和宽度的初值,通过学习算法来获得期望的隶属函数;第 3 层为执行与模糊规则前提条件匹配结点,具有与运算功能;第 4 层为输出结点,有两种工作模式:一种模式是执行模糊或运算以合成有同样结果的加权规则,另一种模式是这层的结点与第 5 层联结,除了一个结点用来输出语言变量执行隶属函数外,其他结点与第 2 层作用相同;第 5 层为输出语言结点。

18.2　神经网络在车底炉燃烧控制中的应用

车底炉(车底加热炉)主要用于大钢锭在锻压前的加热。车底炉要求物料加热时不移动,大钢锭加热要求炉温分布均匀。为此,通过建立了基于 BP 神经网络的燃料流量及空气流量设定系统的燃烧控制模型,用于某机械厂车底炉燃烧控制系统中,取得了良好的效果。燃烧控制系统如图 18.2(原教材图 8.5)所示。

初始流量设定每一个炉子采用两个三层 BP 网络,两个网络的输入均为炉号、炉温偏差、烟温偏差、热风温度偏差。一个网络的输出为空气流量,另一个网络的输出为煤气流量。

加热过程流量设定每个加热期选用两个三层 BP 网络:一个网络的输出为煤气流量,一个网络的输出为空气流量,它们的输入均相同。在燃料流量及空气流量神经网络设定系统中,共选择了 8 个三层 BP 神经网络。初始流量设定网络输入参数为 4。加热过程 6 个网络输入结点为 7,输出结点均为 1。

【点评】　在系统参数确定之后,设计神经网络控制系统的结构有两种方案:一种是使用一个 BP 网络实现多输入多输出;另一种是利用多个 BP 网络来实现多输入单输出,多输入参数相同,所有这些网络总的输出作为输出结果。仿真结果表明,后一种方案收敛性好,

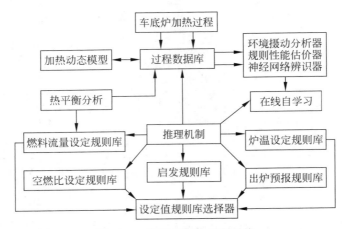

图 18.2　车底炉燃烧控制系统

且需要隐结点数量少。在面临多输入多输出控制问题时,模糊控制通常也是采用设计多个模糊控制器的方法来解决。

18.3　专家控制在静电除尘器电源控制系统中的应用

对高压静电除尘电源的控制,由于除尘器的除尘效率与其内部产生的电场有关,烟尘进入除尘器后环境温度、湿度均可能使电场发生畸变。因此,除尘器电源采用常规的控制方法难以解决电场最优调节问题。对于粉尘浓度的变化采用专家控制方法,可以使电场电压控制在一个最佳水平运行。现场应用结果表明,除尘器出口烟气含尘浓度不仅完全达到排放标准,而且显著降低了能耗。

电除尘电源控制器的系统结构如图 18.3(原教材图 8.7)所示。TMS320LF2407A 芯片用于采样电场现场信号,根据设定参数采用 PID 算法对电场可控硅(晶闸管)触发角进行调节,完成卸灰、振打等工序。根据电场情况采用专家控制算法调整电场电压设置值,并与上位机通信,从而达到最优控制电场的目的。间接专家控制的系统结构如图 18.4(原教材图 8.8)所示。

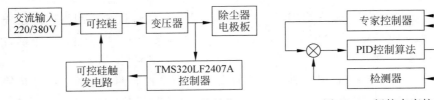

图 18.3　电除尘电源控制器的系统结构　　　图 18.4　间接专家控制的系统结构

【点评】　该系统的被控对象是除尘器电极板电压,由于除尘过程与环境温度、湿度、灰尘浓度多种因素有关,难以建立精确的实现模型。通过设计采用专家控制规则来调整输入PID 控制的设定参数后,尽管粉尘浓度波动较大,但专家控制方法仍能取得较好的控制效果——明显缩短了调压时间,较快地跟踪所设定的电场电压,减小了超调量,在保证除尘效率的同时达到节能的目的。上述设计所采用的将专家控制与传统 PID 控制相结合的方法,显著改善了传统 PID 控制性能。读者可以考虑不用 PID 控制而采用模糊控制方法直接进行控制是否可行。

18.4　学习控制在数控凸轮轴磨床上的应用

为保证数控凸轮轴磨床中凸轮的轮廓精度,采用砂轮架随动的磨削方法。由于凸轮轴具有重复运动及对动态精度要求高的特点,因此 在数控凸轮轴磨床系统中应用了学习控制的结果表明,运用后不但提高了凸轮轴的轮廓精度,还提高了磨削表面的质量,同时能使机床的运动精度在原有的基础上得到进一步的提高。

学习控制系统的原理如图 18.5(原教材图 8.10)所示。学习控制器从第一个加工循环里取得位置误差,并给出补偿数据;新数据和前一循环中的旧数据比较,新数据取代旧数据,减小了位置误差。新数据和旧数据一样,本轮循环中新数据保存在存储器中。通过重复上述过程,学习控制器不断重复补偿数据以减少位置误差。

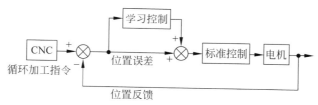

图 18.5　学习控制系统的原理图

学习控制功能需要使用专用轴卡和伺服软件。在一般情况下,学习控制功能将结合高速循环一起使用。高速切削循环功能将加工轮廓转换为数据组,通过宏执行器以高速脉冲形式进行分配。在高速循环运行的同时,为了实现磨削进给还必须运行高速叠加控制功能。该功能将另一路径中任意独立的操作叠加到执行高速循环加工,或者高速二进制程序操作的一个轴上。可通过参数设定是否加入叠加控制。

【点评】　凸轮轴磨床的磨削过程具有重复运动及对动态精度要求高的特点,因此设计采用学习控制方法。在磨削过程中,砂轮在轴向随动执行高速切削功能,同时在径向还要根据需要执行进给功能。因此,控制砂轮轴向高速循环运动和径向运动的叠加,高速循环变量有 4 种规格,指令是由图 18.5 中的 CNC 发出的。不难看出,学习控制适合控制那些具有往复运动、重复运动过程的被控对象。

18.5 仿人智能温度控制器在加热炉中的应用

温度控制有着广泛的应用,这里介绍的被控对象为一台 2kW 的 50mm 管式电阻加热炉。设计的仿人智能控制算法规则如表 18.1(原教材表 8.7)所示。

表 18.1 仿人智能控制算法规则表

序号	如果下述条件成立			则输出 P_0 等于	模式名称
1	$\|e_n\| > M_1$			FFH 或 00H	开关
2	当	$e_n \cdot \Delta e_n > 0$ 或 $\Delta e_n = 0 , e_n \neq 0$	且	$\|e_n\| \geq M_2$	$P_{0(n-1)} + K_1 K_{Pe_n}$	比例
				$\|e_n\| < M_2$	$P_{0(n-1)} + K_{Pe_n}$	
3	$e_n \cdot \Delta e_n < 0 , \Delta e_n \cdot \Delta e_{n-1} > 0$ 或 $e_n = 0$			$P_{0(n)} = P_{0(n-1)}$	保持 1
4	当	$e_n \cdot \Delta e_n < 0 ,$ $\Delta e_n \cdot \Delta e_{n-1} < 0$	且	$\|e_n\| \geq M_2$	$P_{0(n-1)} + K_1 K_2 K_{pe_{m \cdot n}}$	保持 2
				$\|e_n\| < M_2$	$P_{0(n-1)} + K_2 K_{pe_{m \cdot n}}$	

表 18.1 中给出了 4 种控制模式:

(1)当温度误差绝对值大于设定界限 M_1 时开环控制;

(2)当误差处于上升阶段,误差绝对值大于或等于或者小于 M_2(设定值)时分别采用比例系数不同的比例控制模式;

(3)当误差在减小接近稳态或为 0 时,采用前一时刻控制输出的保持模式 1;

(4)当误差处于下降阶段已过极值点且误差绝对值大于或等于或者小于 M_2 的情况下,分别采用比例系数不同的保持 1 和保持 2 的控制模式。

仿人智能控制依靠准确地识别温度误差各种变化的特征模式,通过开环、闭环比例、保持多种控制模式转换进行温度控制。使得本来相互制约的快、稳、准的控制指标在仿人智能控制算法中得到统一。仿人智能控制温炉温精度稳定在给定值的 $\pm 0.4℃$ 以内。

【点评】 通过仿人智能控制炉温的实例,不仅可以很好地复习一下识别被控温度动态变化特性的多种特征变量的概念,而且会对仿人智能控制的基本思想有进一步深刻认识。所谓仿人智能控制的"仿人"可以从 3 个方面来理解:一是用特征变量"仿人"对动态特性的识别行为;二是通过多种特征变量的组合,"仿人"进行启发式判断满足表 18.1 中的相应条件;三是根据上述条件,"仿人"直觉推理决定输出的控制模式。

18.6 深度神经网络及强化学习在围棋人工智能程序 AlphaGo Zero 中的应用

围棋人工智能程序的例子从表面上看,并不直接属于控制方面的问题,它属于智能优化算法——基于深度强化学习解决智能决策问题。哈佛大学何毓琦教授曾指出："任何控制和决策问题本质均可以归结为优化问题。"因此，控制、决策和优化三者就结下了不解之缘。

围棋人工智能程序 AlphaGo 采用人类专家棋谱的监督学习进行训练，而围棋人工智能程序 AlphaGo Zero 没有使用先验知识和专家数据。采用无监督的深度强化自学习，使 AlphaGo Zero 的围棋水平远高于 AlphaGo。这一事实充分证明深度强化学习具有强大的自学习能力。

【启示】　围棋人工智能程序的例子，由于中间有些内容比较专业，加上涉及异步优势强化学习 A3C、蒙特卡罗树搜索内容一时成为难点，但重点是理解深度强化学习的基本思想，以及它给予我们的重要启示：无监督的深度强化学习优于有监督点强化学习；深度强化自学习产生的数据量虽少但质量高、学习效率高，监督学习产生的数据量虽大但质量低、学习效率低；深度强化自学习很好地处理了局部搜索、全局搜索与稳定收敛的关系；AlphaGo Zero 的网络比 AlphaGo 网络简单得多，然而它的性能却得到极大的提升。我们要正确认识网络复杂与简单之间的辩证关系。这就启示我们，对一个复杂系统建模、控制规律的设计不一定越复杂越好，同样存在简单与复杂、量与质的辩证关系。

18.7　本章小结

为了配合智能控制理论教学联系工程实际应用，本章选择了 5 个智能控制系统的应用实例和 1 个围棋人工智能程序有关智能决策的实例，包括模糊控制、神经网络、专家控制、学习控制、仿人智能控制和深度神经网络强化学习等内容。上述被控对象特性包括有参数的不确定性、滞后等难以建立精确数学模型的特性，因此采用多种智能控制方法并得到了期望的控制性能。首先对每一个应用实例进行了概括介绍，然后进行了简短点评，目的在于对这部分内容的教学或自学起到一定的指导作用。

启迪思考题解答

18.1　智能控制适用于哪些被控对象？有精确数学模型的被控对象可否使用智能控制？（原教材启迪思考题 8.1）

参考答案：当被控对象具有多变量、强耦合、强干扰、较大滞后、工况复杂、不对称增益、参数时变、不确定性、非线性等复杂特性时，难以建立精确数学模型，或者建立的数学模型很复杂，以至于难以应用。具有上述特性的对象使经典控制、现代控制理论与方法的应用受到了限制。这类被控对象最适合采用智能控制方法进行控制。

对有精确数学模型的被控对象可以采用基于精确实现模型的传统的控制理论与方法，

也可以采用智能控制的方法,或者采用智能控制与传统控制相结合的方法进行控制。在有些情况下,有可能采用智能控制方法更简单、更易于实现,获得更好的控制效果。

18.2 "应用计算机的控制系统都是智能控制系统",这种说法正确吗?怎样正确区分应用计算机的控制系统属于或不属于智能控制的范畴?(原教材启迪思考题8.2和8.3)

参考答案:应用计算机的控制系统都是智能控制系统,这种说法不一定正确。判断一个计算机控制系统是否是智能控制系统,要依据智能控制系统的三要素来衡量。如果在控制系统中完全采用或部分采用了智能信息、智能反馈、智能控制决策(规则、规律、策略、算法),那么这样的计算机控制系统才能称得上是智能控制系统。智能控制系统需要采用人工智能技术和计算智能方法,包括模糊逻辑、神经网络、专家系统、遗传算法等智能优化算法等。

总之,应用计算机的控制系统是实现智能控制系统的必要条件,但并不是充分条件。应该指出,应用计算机模拟人的智能控制决策行为,通过运用模糊逻辑、神经网络、专家系统等人工智能技术和遗传算法等计算智能方法是实现智能控制的充分必要条件。

18.3 在仿人智能温度控制器中,设计控制规则时如何解决好动态和稳态性能之间的关系?(原教材启迪思考题8.10)

参考答案:为了解决好控制温度动态和稳态性能之间的关系,仿人智能温度控制采用4种控制模式:

(1) 当温度误差绝对值大于设定界限 M_1 时开环控制;

(2) 当温度误差处于上升阶段,误差绝对值大于或等于($\geqslant$)或小于($<$)M_2(设定值)分别采用比例系数不同的比例控制模式;

(3) 当温度误差在减小接近稳态或为0时,采用前一时刻控制输出的保持模式1;

(4) 当温度误差处于下降阶段并已过极值点,且误差绝对值大于或等于($\geqslant$)或者小于($<$)M_2 时,分别采用比例系数不同的保持1和保持2的控制模式。

概括起来,仿人智能温度控制规则可概括为3类规则:一是消除大误差的高增益的比例控制规则;二是防止超调变比例系数的阻尼规则;三是维持误差在零附近变化的稳态保持控制规则。

仿人智能控制依靠准确地识别温度误差各种变化的特征模式,通过开环控制、闭环变比例控制、两种保持控制模式的转换进行控制温度。使得本来相互制约的快、稳、准的控制指标在仿人智能控制算法中得到统一。

18.4 深度强化学习在围棋人工智能程序中的应用,它与传统的强化学习有什么不同?有何意义?(原教材启迪思考题8.11)

参考答案:强化学习的灵感来源于心理学中的行为主义理论。强化学习不要求预先给定任何数据,而是智能体通过接收环境对动作的奖励(反馈)获得学习信息并更新模型参数。

传统的强化学习中当状态和动作空间是离散且维数不高时,可使用 Q-Table 存储每个状态动作对的 Q 值。然而比较复杂的、更加接近实际情况的任务往往有着很大的状态空间和连续的动作空间,在这种情况下使用 Q-Table 不现实。如对图像、声音等的数据输入同时实现端到端的控制也需要能处理高维的信息。深度学习可以应对高维的输入,能够通过组合低层特征来形成更加抽象的高层表示属性类别或特征,以发现数据的分布式特征表示,使深度神经网络具有优异的特征学习能力。

在围棋人工智能程序 AlphaGo Zero 中,应用深度强化学习是将深度学习的感知能力和强化学习的决策能力相结合,优势互补,可以直接从高维原始数据学习控制策略,对复杂系统的感知决策能力远超出传统的强化学习。此外,在 AlphaGo Zero 中,采用与传统的强化学习算法不同的异步优势强化学习算法 A3C,结合优势函数训练神经网络,大幅度提升强化学习的样本利用效率。

第四篇

智能控制教学课件设计

多媒体技术的发展为课堂教学提供了新的辅助教学工具。因此，许多教师为课堂教学方便而制作 PPT 课件。然而，为什么要做课件？如何做好课件？如何使用课件？这样一些问题值得任课教师们深思。

在课堂上，教师授课内容有多种载体形式，通过备课教师把授课内容已经存储在头脑中，教学内容也在学生眼前的教材中，根据需要教师也会在黑板上列写一些重要的内容，制作的 PPT 课件也载有授课的重要内容。教师在课堂上如何用好这些授课资源，需要在备课阶段做好课堂教学设计。教师是授课的主体，应该按照事先设计好的教学程序，以口头讲述为主，板书、PPT 课件以及提问与学生互动等都是课堂教学的辅助手段，这些环节的恰到好处的结合，才会收到最佳的教学效果。课堂上绝不能让 PPT 课件牵引着教师和学生，课堂上教师绝不能只放 PPT 课件代替讲课。

制作一门课程的高质量教学课件是一项艰苦的工作。既不能全搬教材，又不能脱离教材。课件中的内容要源于教材，又要高于教材。这就要求对授课内容去粗取精，加以提炼、升华。

本篇提供的智能控制辅助教学课件(请扫描下页二维码获取)只是为授课教师制作 PPT 课件提供素材。作者提倡、鼓励授课教师根据自身的基础及授课对象的实际情况来制作课件，这样使用起来更加得心应手，使其在课堂教学中更好地发挥辅助教学效果。

附录 A

钱学森谈科技创新人才的培养问题

[作者注] 原文是 2015 年 4 月 18 日"未来科学研究中心"对钱老去世前最后一次所作的系统谈话的一份整理稿：钱老谈科技创新人才的培养问题。作者深深感到钱老关于科技培养创新人才的思想非常重要。钱老指出：今天我们办学，一定要有科技创新精神，培养会动脑筋、具有非凡创造能力的人才。你是不是真正的创新，就看是不是敢于研究别人没有研究过的科学前沿问题，而不是别人已经说过的东西我们知道，没有说过的东西，我们就不知道。所谓优秀学生就是要有创新。没有创新，死记硬背，考试成绩再好也不是优秀学生。钱老为我国培养创新人才指明了方向，必将激励鼓舞我国从事培养人才的高等学校广大教师端正思想、明确目标，进一步把培养创新人才落实到教学工作中。

[整理者注] 钱老去世以后，许多人问我们：钱老有什么遗言？并希望我们这些身边的工作人员写一篇"钱学森在最后的日子"的文稿。我们已告诉大家，钱老去世时很平静安详，他没有什么最后的遗言。因为在钱老去世前的一段日子，他说话已经很困难了。我们可以向大家提供的，是钱老最后一次向我们作的系统谈话的一份整理稿：钱老谈科技创新人才的培养问题。

那是于 2005 年 3 月 29 日下午在 301 医院谈的。后来钱老又多次谈到这个问题，包括在一些中央领导同志看望他时的谈话。那都是断断续续的，没有这一次系统而又全面。今天，我们把这份在保险柜里存放了好几年的谈话整理稿发表出来，也算是对广大读者，对所有敬仰、爱戴钱老的人的一个交代。

今天找你们来，想和你们说说我近来思考的一个问题，即人才培养问题。我想说的不是一般人才的培养问题，而是科技创新人才的培养问题。我认为这是我们国家长远发展的一个大问题。

今天，党和国家都很重视科技创新问题，投了不少钱搞什么"创新工程""创新计划"等等，这是必要的。但我觉得更重要的是要具有创新思想的人才。问题在于，中国还没有一所大学能够按照培养科学技术发明创造人才的模式去办学，都是些人云亦云、一般化的，没有自己独特的创新东西。我看，这是中国当前的一个很大问题。

最近我读《参考消息》，看到上面讲美国加州理工学院的情况，使我想起我在美国加州理工学院所受的教育。

我是在 20 世纪 30 年代去美国的，开始在麻省理工学院学习。麻省理工学院在当时也算是鼎鼎大名了，但我觉得没什么，一年就把硕士学位拿下了，成绩还拔尖。其实这一年并没学到什么创新的东西，很一般化。后来我转到加州理工学院，一下子就感觉到它和麻省理工学院很不一样，创新的学风弥漫在整个校园，可以说，整个学校的一个精神就是创新。在这里，你必须想别人没有想到的东西，说别人没有说过的话。拔尖的人才很多，我得和他们竞赛，才能跑在前沿。这里的创新还不能是一般的，迈小步可不行，你很快就会被别人超过。你所想的、做的，要比别人高出一大截才行。那里的学术气氛非常浓厚，学术讨论会十分活跃，互相启发，互相促进。我们现在倒好，一些技术和学术讨论会还互相保密，互相封锁，这不是发展科学的学风。你真的有本事，就不怕别人赶上来。我记得在一次学术讨论会上，我的老师冯·卡门讲了一个非常好的学术思想，美国人叫"good idea"，这在科学工作中是很重要的。有没有创新，首先就取决于你有没有一个"good idea"。所以马上就有人说："卡门教授，你把这么好的思想都讲出来了，就不怕别人超过你？"卡门说："我不怕，等他赶上我这个想法，我又跑到前面老远去了。"所以我到加州理工学院，一下子脑子就开了窍，以前从来没想到的事，这里全讲到了，讲的内容都是科学发展最前沿的东西，让我大开眼界。

我本来是航空系的研究生，我的老师鼓励我学习各种有用的知识。我到物理系去听课，讲的是物理学的前沿，原子、原子核理论、核技术，连原子弹都提到了。生物系有摩根这个大权威，讲遗传学，我们中国的遗传学家谈家桢就是摩根的学生。化学系的课我也去听，化学系主任 L. 鲍林讲结构化学，也是化学的前沿。他在结构化学上的工作还获得诺贝尔化学奖。以前我们科学院的院长卢嘉锡就在加州理工学院化学系进修过。L. 鲍林对于我这个航空系的研究生去听他的课、参加化学系的学术讨论会，一点也不排斥。他比我大十几岁，我们后来成为好朋友。他晚年主张服用大剂量维生素的思想遭到生物医学界的普遍反对，但他仍坚持自己的观点，甚至和整个医学界辩论不止。他自己就每天服用大剂量维生素，活到 93 岁。加州理工学院就有许多这样的大师、这样的怪人，绝不随大流，敢于想别人不敢想的，做别人不敢做的。大家都说好的东西，在他看来很一般，没什么。没有这种精神，怎么会有创新！

加州理工学院给这些学者、教授们，也给年轻的学生、研究生们提供了充分的学术权力和民主氛围。不同的学派、不同的学术观点都可以充分发表。学生们也可以充分发表自己的不同学术见解，可以向权威们挑战。过去我曾讲过我在加州理工学院当研究生时和一些权威辩论的情况，其实这在加州理工学院是很平常的事。那时，我们这些搞应用力学的，就是用数学计算来解决工程上的复杂问题。所以人家又管我们叫应用数学家。可是数学系的那些搞纯粹数学的人偏偏瞧不起我们这些搞工程数学的。两个学派常常在一起辩论。有一次,数学系的权威在学校布告栏里贴出了一个海报,说他在什么时间什么地点讲理论数学,欢迎大家去听讲。我的老师冯·卡门一看,也马上贴出一个海报,说在同一时间他在什么地方讲工程数学,也欢迎大家去听。结果两个讲座都大受欢迎。这就是加州理工学院的学术风气,民主而又活跃。我们这些年轻人在这里学习真是大受教益,大开眼界。今天我们有哪一所大学能做到这样?大家见面都是客客气气,学术讨论活跃不起来。这怎么能够培养创新人才?更不用说大师级人才了。

有趣的是,加州理工学院还鼓励那些理工科学生提高艺术素养。我们火箭小组的头头马林纳就是一边研究火箭,一边学习绘画,他后来成为西方一位抽象派画家。我的老师冯·卡门听说我懂得绘画、音乐、摄影这些方面的学问,还被美国艺术和科学学会吸收为会员,他很高兴,说你有这些才华很重要,这方面你比我强。因为他小时候没有我那样的良好条件。我父亲钱均夫很懂得现代教育,他一方面让我学理工,走技术强国的路;另一方面又送我去学音乐、绘画这些艺术课。我从小不仅对科学感兴趣,也对艺术有兴趣,读过许多艺术理论方面的书,像普列汉诺夫的《艺术论》,我在上海交通大学念书时就读过了。这些艺术上的修养不仅加深了我对艺术作品中那些诗情画意和人生哲理的深刻理解,也学会了艺术上大跨度的宏观形象思维。我认为,这些东西对启迪一个人在科学上的创新是很重要的。科学上的创新光靠严密的逻辑思维不行,创新的思想往往开始于形象思维,从大跨度的联想中得到启迪,然后再用严密的逻辑加以验证。

像加州理工学院这样的学校,光是为中国就培养出许多著名科学家。钱伟长、谈家桢、郭永怀等等,都是加州理工学院出来的。郭永怀是很了不起的,但他去世得早,很多人不了解他。在加州理工学院,他也是冯·卡门的学生,很优秀。我们在一个办公室工作,常常在一起讨论问题。我发现他聪明极了。你若跟他谈些一般性的问题,他不满意,总要追问一些深刻的概念。他毕业以后到康奈尔大学当教授。因为卡门的另一位高才生西尔斯在康奈尔大学组建航空研究院,他了解郭永怀,邀请他去那里工作。郭永怀回国后开始在力学所担任副所长,我们一起开创中国的力学事业。后来搞核武器的钱三强找我,说搞原子弹、氢弹需要一位搞力学的人参加,解决复杂的力学计算问题,开始他想请我去。我说现在中央已委托我搞导弹,事情很多,我没精力参加核武器的事了。但我可以推荐一个人,郭永怀。郭永怀后来担任副院长,专门负责爆炸力学等方面的计算问题。在我国原子弹、氢弹问题上他是立了大功的,可惜在一次出差中因飞机失事牺牲了。那个时候,就是这样一批有创新精神的人把中国的原子弹、氢弹、导弹、卫星搞起来的。

今天我们办学,一定要有加州理工学院那种科技创新精神,培养会动脑筋、具有非凡创造能力的人才。我回国这么多年,感到中国还没有一所这样的学校,都是些一般的,别人说过的才说,没说过的就不敢说,这样是培养不出顶尖帅才的。我们国家应该解决这个问题。你是不是真正的创新,就看是不是敢于研究别人没有研究过的科学前沿问题,而不是别人已经说过的东西我们知道,没有说过的东西,我们就不知道。所谓优秀学生就是要有创新。没有创新,死记硬背,考试成绩再好也不是优秀学生。我在加州理工学院接受的就是这样的教育,这是我感受最深的。回国以后,我觉得国家对我很重视,但是社会主义建设需要更多的钱学森,国家才会有大的发展。我说了这么多,就是想告诉大家,我们要向加州理工学院学习,学习它的科学创新精神。我们中国学生到加州理工学院学习的,回国以后都发挥了很好的作用。所有在那学习过的人都受它创新精神的熏陶,知道不创新不行。我们不能人云亦云,这不是科学精神,科学精神最重要的就是创新。

我今年已 90 多岁了,想到中国长远发展的事情,忧虑的就是这一点。

关于科学、技术、工程、物质、能量、信息的注释

无论是高等理工科院校中从事教学工作的教师,还是攻读学位的研究生,在教学和科研工作中都要涉及科学、技术、工程 3 个层面的问题,以及物质、能量、信息 3 个基本概念问题。准确理解这些重要的基本概念以及它们之间的区别与联系非常必要,因此,以附录形式加以注释。

1. 科学、技术、工程

科学是指人们对包括自然界、社会和人类思维在内的客观世界规律性的认识、总结而形成的完整知识体系。科学的本质在于发现。科学按学科分为数学、物理学、电子学等。

技术是指设计、安装、制造或维修一种产品所采用的一种工艺或提供的一项服务的系统知识。技术的本质在于发明。按生产行业、生产内容的不同分为工业、农业技术,信息技术、自动化技术等。

工程是指将自然科学的理论应用到具体工农业生产等部门中形成的各学科的总称。工程的本质在于应用。按领域、行业、部门不同分为工业工程、农业工程、航天工程、机电工程、交通工程等。

科学、技术、工程三者的关系可以简单描述如下:科学是知识体系,多半属于理论的范畴,工程是将理论应用于实际,而技术是将理论应用于实际的桥梁。可以说,科学是基础,应用是目的,技术是手段。

2. 物质、能量、信息

物质、能量、信息不仅和我们每个人的生活息息相关,而且和人类社会发展及科学进步紧密相连,它们始终是贯穿在科学创立与发展过程中的 3 个最基本、最重要的概念。

物质指不依赖于人们的意识而存在,又能为人们的意识所反映的客观实在。运动是物质的根本属性。时间和空间是运动着的物质的存在形式。自然界和社会中千差万别的事物,都是物质的不同表现形态。物质既不能被创造,也不能被消灭,只能在一定的条件下从

一种形态转换为另一种形态。

能量是物质运动的一般量度。物质运动有多种形式,表现各异,但可互相转换,这表明这些运动具有共性,有内在的统一的量度。能量是质量的时空分布可能变化程度的度量,用来表征物理系统做功的能力。现代物理学已明确了质量与能量之间的数量关系,即爱因斯坦的质能关系式:$E = mc^2$。

宇宙是由物质组成的,而万物都处在运动中,只要物质运动,就需要有能量,能量在作用和转换过程中,就会产生多种多样的物质运动状态及其变化方式,也就产生了信息。可见,信息既不是物质,也不是能量,但物质、能量和信息三者之间相辅相成,缺一不可。

物质之间的交换遵循等价原则,能量之间的转换有损失,而信息之间的交换有增值。

信息的基本特征有普遍性、客观性、依附性、共享性、时效性、传递性、再生性、可缩性、可处理性等。

参 考 文 献

[1] 维纳 N. 控制论[M]. 郝季仁, 译. 2 版. 北京：科学出版社, 2009.

[2] 李士勇, 李研. 智能控制[M]. 2 版. 北京：清华大学出版社, 2021.

[3] 李士勇. 模糊控制·神经控制和智能控制论[M]. 哈尔滨：哈尔滨工业大学出版社, 1996.

[4] 孙增圻, 邓志东, 张再兴. 智能控制理论与技术[M]. 2 版. 北京：清华大学出版社, 2011.

[5] 蔡自兴. 智能控制原理与应用[M]. 3 版. 北京：清华大学出版社, 2019.

[6] 萨里迪斯 GN. 随机系统的自组织控制[M]. 郑应平, 译. 北京：科学出版社, 1984.

[7] 李士勇. 培养研究生创新思维的"三段论"教学法[J]. 哈尔滨工业大学学报（社会科学版）, 第 6 卷（增）, 2004：36-37.

[8] 李士勇, 田新华. 科技论文写作引论[M]. 哈尔滨：哈尔滨工业大学出版社, 2013.

[9] 李士勇, 田新华. 非线性科学与复杂性科学[M]. 哈尔滨：哈尔滨工业大学出版社, 2006.

[10] 钱学森. 关于思维科学[M]. 上海：上海人民出版社, 1986.

[11] 姜璐. 钱学森论系统科学（讲话篇）[M]. 北京：科学出版社, 2011.

[12] 顾吉环, 李明, 涂元季. 钱学森文集（卷 6）[M]. 北京：国防工业出版社, 2012.

[13] 武秀波, 苗霖, 吴丽娟, 等. 认知科学概论[M]. 北京：科学出版社, 2007.

[14] 贾艾斯. 认知心理学[M]. 黄国强, 林晓兰, 徐愿, 译. 哈尔滨：黑龙江人民出版社, 2007.

[15] 谢新观, 王道君. 哲学原理[M]. 2 版. 北京：中央广播电视大学出版社, 2003.

[16] 加涅 R M. 学习的条件和教学论[M]. 皮连生, 王映学, 郑葳, 等译. 上海：华东师范大学出版社, 2001.

[17] 莱弗朗索瓦兹. 教学的艺术[M]. 佐斌, 等译. 北京：华夏出版社, 2004.

[18] 加涅 RM, 布里格斯 LJ, 韦杰 WW. 教学设计原理[M]. 皮连生, 庞维国, 等译. 上海：华东师范大学出版社, 2000.

[19] 郑杰. 简明教学设计 11 讲[M]. 上海：华东师范大学出版社, 2021.

[20] 朱丽. 如何运用教学方法[M]. 上海：华东师范大学出版社, 2014.

[21] 闻新, 周璐, 李东红, 等. MATLAB 模糊逻辑工具箱的分析与应用[M]. 北京：科学出版社, 2001.

[22] 董长虹. MATLAB 神经网络与应用[M]. 北京：国防工业出版社, 2005.

[23] 尼格尼维斯基 M. 人工智能：智能系统指南（英文版）[M]. 3 版. 北京：机械工业出版社, 2011.

[24] 多田智史. 图解人工智能[M]. 张弥, 译. 北京：人民邮电出版社, 2021.

[24] 希顿. 人工智能算法（卷 3）：深度学习和神经网络[M]. 王海鹏, 译. 北京：人民邮电出版社, 2021.

[25] 鲁伟. 深度学习笔记[M]. 北京：北京大学出版社, 2020.

[26] 王永初, 任秀珍. 现代控制工程的数学基础[M]. 北京：化学工业出版社, 1985.

[27] 李士勇, 夏承光. 模糊控制和智能控制理论与应用[M]. 哈尔滨：哈尔滨工业大学出版社, 1990.

[28] 李士勇, 李研, 林永茂. 智能优化算法与涌现计算[M]. 2 版. 北京：清华大学出版社, 2022.